入門複素解析
15章

熊原啓作
Kumahara Keisaku

日本評論社

はじめに

　虚数というのは日常生活においては見ることができず，最初は奇妙に思えるものである．しかし，それは「虚ろ」な数というのではなく，人間が理念的に考えた「想像上の (イマジナル)」数である．その数は方程式を解く過程において現れた．人間のイデアの世界を完全なものにしよう，足りないところは補完しようという努力から生まれたものである．それが現代の科学・技術の基礎となり，発展を助けてきた．

　虚数を取り込んだ複素数は，最初は個々の数であったものが，i^i とは何だろうか，$(1+i)^{\pi i}$ はどんな数だろうかという素朴な疑問が，z^α や α^z といった複素数変数の関数を考えさせることとなった．$i^i = e^{-\pi/2}$ や $e^{\pi i} = -1$ といった等式は人々の興味をひかずにはおかない．ニュートン，ライプニッツによる微分積分学の誕生で始まった解析学は複素関数を考えることによって，内容が豊かになったというより本質に到達したといえる．

　オイラー，ダランベールらから始まった複素関数論はガウス，コーシーらによって美しく完成され，解析学の中心的な話題となった．それはワイエルシュトラス，アーベル，ヤコビ，クライン，ポアンカレ，ワイルを経て現代数学へとつながっている．複素変数関数の理論はコーシーによって正則関数論として整備され，今日の関数論の核となっている．関数論は正則関数の理論であって，単に変数を複素数で考える以上に強い制限が付いている代わりに，美しい理論としてまとまっている．正則性を扱う以上，正則性の破れ (特異点) も扱う．

　本書ではまったく触れていないが，実変数関数と同じように多変数の複素関数論も重要である．1 変数の正則関数もその存在領域が決まってくるが，多変数正則関数の存在領域は高次元の幾何学の解明が必要となり，理論の展開が容易ではない．この分野では岡潔が開拓者の一人として大きな足跡を残している．

本書は放送大学の授業科目「複素数と関数」の印刷教材として書かれたものである．本書を書くにあたって，単に解析学の中の関数論というのではなく，数学の多くの分野との関わりも述べたいと思い，代数学，幾何学からも話題を拾った．最後の2章では通常の関数論の講義には含まれないフーリエ解析の話題を取り上げた．関数論の広さを示したいこともあるが，数学は一つであるということの例示でもある．講義の程度を考えなければならないこともあり，ページ数の制約からも触れられなかった重要な項目も多いことをお断りしておく．

2012年1月

熊原啓作

記号の説明

記号	説明
$a \in A$	a は A の元 (要素)
$A \subset B$	A は B の部分集合
$\emptyset$	空集合
$\{x \in S \mid P(x)\}$	条件 $P(x)$ を満たす S の元 x のなす集合
$A \times B$	直積集合 $\{(a, b) \mid a \in A, b \in B\}$
$A \cup B$	A と B の和集合
$A \cap B$	A と B の共通部分
$A \backslash B$	A に含まれるが B には含まれない元の全体
$\boldsymbol{N}$	自然数の全体
$\boldsymbol{Z}$	整数環
$\boldsymbol{Q}$	有理数体
$\boldsymbol{R}$	実数体,実数直線
$\boldsymbol{C}$	複素数体
$\boldsymbol{R}^2$	平面,2次元実数空間
$\boldsymbol{R}^3$	3次元実数空間
$\boldsymbol{S} = \boldsymbol{P}^1(\boldsymbol{C})$	リーマン球面
∂D	D の境界
$\overline{A}$	集合 A の閉包
$|z|$	z の絶対値
$\arg z$	z の偏角
$\operatorname{Re} z$	z の実部
$\operatorname{Im} z$	z の虚部
$\overline{z}$	複素数 z の共役複素数
$[z_1, z_2 \,;\, z_3, z_4]$	非調和比

$\dfrac{\partial}{\partial x} u(x, y) = u_x(x, y)$	x に関する偏導関数
$\dfrac{\partial}{\partial y} u(x, y) = u_y(x, y)$	y に関する偏導関数
Δ	ラプラシアン
$\dfrac{\partial(u, v)}{\partial(x, y)}$	ヤコビアン
$e^z = \exp z$	指数関数
$\cos z, \sin z, \tan z$	余弦関数,正弦関数,正接関数
$\log z$	対数関数
$\mathrm{Log}\, z$	$\log z$ の主枝
$\displaystyle\int_C f(x)dx$	曲線 C に沿った積分
$\displaystyle\oint_C f\,ds$	閉曲線 C に沿った線積分
$GL(2, \boldsymbol{C})$	複素一般線形群
$SL(2, \boldsymbol{C})$	複素特殊線形群
$PSL(2, \boldsymbol{C})$	射影特殊線形変換群
Res	留数
Ind	回転数,指数
$\widehat{f} = \mathcal{F}[f]$	f のフーリエ変換
$\mathcal{L}\{f\}$	f のラプラス変換

ギリシャ文字

大文字	小文字	発音	大文字	小文字	発音
A	α	アルファ	N	ν	ニュー
B	β	ベータ	Ξ	ξ	クシー，グザイ
Γ	γ	ガンマ	O	o	オミクロン
Δ	δ	デルタ	Π	π	パイ
E	ε, ϵ	イプシロン，エプシロン	P	ρ	ロー
Z	ζ	ゼータ，ツェータ	Σ	σ	シグマ
H	η	イータ，エータ	T	τ	タウ
Θ	θ, ϑ	シータ，テータ	Υ	υ	ウプシロン
I	ι	イオタ	Φ	ϕ, φ	ファイ，フィー
K	κ	カッパ	X	χ	カイ
Λ	λ	ラムダ	Ψ	ψ	プサイ，プシー
M	μ	ミュー	Ω	ω	オメガ

目次

はじめに　　　　　　　　　　　　　　　　　　　　　　　　　　　　i

記号の説明　　　　　　　　　　　　　　　　　　　　　　　　　　　iii

ギリシャ文字　　　　　　　　　　　　　　　　　　　　　　　　　　v

第1章　数の体系　　　　　　　　　　　　　　　　　　　　　　1
1.1　自然数から複素数へ　………………………………………………　1
1.2　3次方程式の解法　……………………………………………………　6
1.3　数の体系　………………………………………………………………　9

第2章　複素数と複素数平面　　　　　　　　　　　　　　　　15
2.1　実数の性質1——順序　………………………………………………　15
2.2　実数の性質2——連続性　……………………………………………　17
2.3　複素数の導入　…………………………………………………………　20
2.4　複素数平面　……………………………………………………………　22

第3章　複素数と平面幾何　　　　　　　　　　　　　　　　　31
3.1　リーマン球面　…………………………………………………………　31
3.2　平行移動と回転　………………………………………………………　34
3.3　直線と円の方程式　……………………………………………………　36
3.4　円と四角形　……………………………………………………………　39
3.5　正多角形　………………………………………………………………　41

第4章　複素関数，複素級数　　　　　　　　　　　　　　　　46
4.1　C の位相　……………………………………………………………　46

4.2	複素関数	49
4.3	整級数	51

第 5 章　複素微分　　**61**
5.1	微分係数	61
5.2	コーシー–リーマンの方程式	64
5.3	整級数の微分可能性	68

第 6 章　初等関数　　**72**
6.1	指数関数	72
6.2	三角関数，双曲線関数	74
6.3	対数関数	76

第 7 章　1 次分数変換　　**83**
7.1	1 次分数変換	83
7.2	円円対応	88
7.3	1 次分数変換群	92

第 8 章　複素積分　　**96**
8.1	線積分	96
8.2	グリーンの公式	104

第 9 章　コーシーの積分定理　　**109**
9.1	コーシーの積分定理	109
9.2	コーシーの積分公式	117
9.3	回転数	121

第 10 章　正則関数　　**124**
10.1	テイラー級数展開	124
10.2	正則関数列	130

第 11 章　等角写像　　**134**
11.1	等角写像	134
11.2	ジューコフスキー変換	140

第 12 章　有理型関数　　　　　　　　　　　　　　　　　　144
　12.1　ローラン展開　……………………………………………　144
　12.2　孤立特異点　………………………………………………　147
　12.3　有理型関数の級数　………………………………………　151

第 13 章　留数定理　　　　　　　　　　　　　　　　　　　　157
　13.1　留数定理　…………………………………………………　157
　13.2　定積分の計算　……………………………………………　159

第 14 章　フーリエ級数と調和関数　　　　　　　　　　　　　168
　14.1　フーリエ級数　……………………………………………　168
　14.2　調和関数　…………………………………………………　172

第 15 章　フーリエ変換とラプラス変換　　　　　　　　　　　179
　15.1　フーリエ変換　……………………………………………　179
　15.2　留数定理によるフーリエ変換の計算　…………………　181
　15.3　ラプラス変換の定義と収束　……………………………　183
　15.4　ラプラス変換の性質　……………………………………　187
　15.5　ラプラス逆変換　…………………………………………　191
　15.6　ラプラス変換による微分方程式の解法　………………　192

演習問題の解答　　　　　　　　　　　　　　　　　　　　　　197

人名　　　　　　　　　　　　　　　　　　　　　　　　　　　207

参考文献　　　　　　　　　　　　　　　　　　　　　　　　　210

第1章　数の体系

本章のキーワード

自然数，整数，有理数，実数，複素数，四元数，環と体，完備，代数的閉体

　虚数は 2 乗すると負になる数で，日常感覚では捉えにくいものである．なぜこのような数を考えなければならないのだろうか．3 次方程式の解の公式を作ると，たとえ実数解の場合でもその途中に虚数を用いなくてはならない．本章ではそのことをまず説明する．虚数を含むような大きい数の体系である複素数を考えることによって，どんな多項式も 1 次式の積として表すことができる．そのことが行列の対角化などに威力を発揮することは線形代数学の教えるところである．さらに複素数を超えてもっと新しい数を考えることはできないかということも考えてみよう．

1.1　自然数から複素数へ

　数の歴史はものを数える**自然数**から始まった．しかし木の実が 3 個と魚が 3 匹の数が同じ 3 として意識され，数概念が独立して思考の対象になるには長い時間がかかったことであろう．ものを数える段階で足し算と引き算は自然に行われたことであろう．現在あるものに加える，目の前にあるものから取り去る：$a+b=c$，$a-b=c$．ただし現在あるものより多くは取り去ることはできない．しかしあるものをすべて取り去れば何も残らない．何も残らないことが理解されても，それが数であると認められたのは，自然数の歴史からすればずっと新しいことである．零を数として扱い，一つの記号で表されたのはインドにおいてであるといわれている．7 世紀にブラーマグプタは 0 の使用法と性質を書き残している．0 を意識的に考える対象に取り入れた．

負の数の導入は，正とは別の概念を，正の世界と同じ世界で扱うことを可能にした．このことが，数を直線上の点と対応させて理解されることに結び付いたものと想像される．数学においては普通の概念として認知されたあとでも，一般市民が負の数を普通の概念として受け入れたのはやっと 19 世紀になってからだといわれている[1]．

　正数の分数はものを分けることに関連して早くから使われていた．整数の比として表される数である**有理数**である．古代エジプトのパピルス (紀元前 19 世紀) にはいろいろな分数を分子が 1 である単位分数で表す問題が扱われている．有理数ではない数である**無理数**は，例えば 1 辺の長さが 1 の正方形の対角線の長さとして現れる $\sqrt{2}$ のように，日常身近にあるが，それが有理数ではないことを意識し理解したのは，皮肉なことに整数とその比しか数として認めなかったピタゴラス学派である．

　歴史的な流れを無視して，方程式の話として述べれば次のようになる．

　まず，自然数の全体の集合を N で表そう．N の中では方程式 $x+1=0$ は解くことができない．方程式

$$x + a = 0 \tag{1.1}$$

が $a \in N$ が何であっても解けるように，数の範囲を N から整数の全体 Z にまで拡大する．すると，すべての $a \in Z$ に対して，(1.1) は Z の中に解をもつ．解は

$$x = -a$$

である．

　次に，方程式 $2x=1$ は Z の中では解くことができない．そこで数の範囲を Z から有理数の全体 Q にまで拡大しよう．有理数は整数の比として表される数である．すると，任意の $a, b \in Q$ (ただし，$a \neq 0$) に対して 1 次方程式

$$ax + b = 0 \tag{1.2}$$

は解

$$x = -\frac{b}{a}$$

を Q の中にもつ．

---

[1]　参考文献 [3] p.8.

次に，2次方程式 $x^2 = 2$ は有理数 $\boldsymbol{Q}$ の中には解をもたない．この解は無理数で，$\boldsymbol{Q}$ を拡大する必要がある．このように係数が有理数の代数方程式，すなわち「有理数係数の多項式 = 0」の解となるような数を**代数的数**という．代数的数ではない数を**超越数**という．代数的数の中には $x^2 + 2 = 0$ の解のような実数ではないものがある．また，円周率 π は実数であるが代数的数ではないことが知られている．したがって半径が有理数である円の円周の長さのように，超越数を日常生活で目にすることができる．

実数とは何かという問いに答えるには結構面倒な議論が必要になる．ここでは有理数列の極限値となる数を実数としておこう．つまり，有理数で近似することができる数である．有限または無限小数として表すことができる数ということもできる．そして実数全体のなす集合を $\boldsymbol{R}$ で表そう．$\boldsymbol{R}$ の中では代数的数よりも超越数のほうがずっと多いことが知られている．

a の平方根というのは，2乗して a になる数である．ところが，実数は2乗すれば正か0である．したがって負の数の平方根は実数としては存在しない．すなわち，正の数 c に対して方程式

$$x^2 = -c$$

は実数の解をもたない．実数係数の2次方程式

$$ax^2 + bx + c = 0 \qquad (a \neq 0) \tag{1.3}$$

の解は

$$x = \frac{-b \pm \sqrt{b^2 - 4ac}}{2a} \tag{1.4}$$

であるが，(1.3) の判別式 $b^2 - 4ac$ が負のときは，(1.4) の根号の中が負となり，$\boldsymbol{R}$ の中には解がない．したがって，2次方程式が自由に解けるためには数の範囲をもっと広くする必要がある．そこで $i^2 = -1$ となる数 i を考えて

$$a + bi \quad (a, b \in \boldsymbol{R})$$

と表す**複素数**を考える．その全体を $\boldsymbol{C}$ と表そう．(1.3) は係数 a, b, c が複素数であっても，解は複素数として求まる．

実際に解くためには複素数の性質を知る必要がある．i は実数ではないのであるが，計算は実数と同じようにし，i^2 が現れればそれを -1 と置き換える．(1.4) の数は a, b, c が実数で $b^2 - 4ac$ が負でなければ，実数として確定する．正の数 k

に対して，2乗して k になる数のうち正のほうを $\sqrt{k}$ と表す．例えば $\sqrt{4}=2$ であって，-2 ではない．正負のない複素数の場合，$\sqrt{k}$ が何を表すのかは改めて考える必要がある．複素数 k の平方根 $k^{\frac{1}{2}}$ を，2乗して k になる二つの数を同時に考える「2価関数」として，またもっと一般に $k^{\frac{1}{m}}$ を「m 価関数」としてとらえることを後に説明する．ここでは $x^2=k$ となる x の一方を $\sqrt{k}$ と表せば，もう一方は $-\sqrt{k}$ であることだけをいっておこう．

例えば $(1+i)^2 = 1+2i+i^2 = 1+2i-1 = 2i$ であるから，

$$x^2 = i$$

の解は

$$x = \pm\left(\frac{1+i}{\sqrt{2}}\right)$$

となる．複素数 a, b, c に対して $\alpha^2 = b^2 - 4ac$ となる複素数が二つあり，その一方を $\sqrt{b^2-4ac}$ と表せば，2次方程式 (1.3) は二つの解 (1.4) を $\boldsymbol{C}$ の中にもつ．実はこのことは2次方程式だけではなく，一般の代数方程式について成り立つことである．証明は第9章において与えるが，ここで定理として述べておこう．

定理 1.1（代数学の基本定理） 複素係数の n 次代数方程式は，複素数の範囲に重複度も込めて n 個の解をもつ．

例えば，$x^3 - x^2 = 0$ の解は 0 と 1 であるが，

$$x^3 - x^2 = x^2(x-1)$$

であるから，$x=0$ という解は $x^2=0$ の解として2重に含まれていると考える．そして解 $x=0$ の**重複度**は2であるという．

こうして，方程式を解くという立場からの数の範囲の拡大は，複素数 $\boldsymbol{C}$ で完結する．しかし代数学の基本定理は，解の公式を作ることができるということをいってはいない．2次方程式の解の公式 (1.4) のように，解が与えられた方程式の係数から四則演算と (平方根や立方根などの) べき乗根の有限回の操作で得る解法を，**代数的解法**という．

一般の高次方程式の代数的解法を得ようとする長い歴史がある．3次と4次方程式に対しては解の公式が知られている．3次方程式の解の公式は後ほど求める．

アーベル

5 次以上の高次方程式の代数的解法はないことが，アーベルによって証明された．解の公式がまだ見つかっていないのではなく，すべての実数または複素数 $a_j, j = 0, 1, 2, 3, 4, 5$ $(a_5 \neq 0)$ に通用する

$$a_5 x^5 + a_4 x^4 + a_3 x^3 + a_2 x^2 + a_1 x + a_0 = 0$$

の解の公式は原理的に作ることができないのである．もちろん代数的に解くことができる方程式もたくさんある．どの方程式が代数的に解けるのかという問題はガロアによって解決され，今日ガロア理論とよばれている．

ガロア

2 乗して負になる数である**虚数**は，なかなか理解されにくいもので，その「虚数」という名前からも人為的な不自然な印象を与えるようである．それに複素数は日常生活で目にすることもない．実係数の 2 次方程式で実数の解をもたない場合は，解をもたない方程式として排除してしまえば複素数をもち出す必要はない．複素数はなぜ必要となったのだろうか．複素数の必要性のもととなった一つに 3 次方程式がある．解の公式を得ようとすれば，実数解をもつ場合でも，公式を導く途中でどうしても複素数を使わなければならないことがある (不還元の場合とよばれている)．そこで次に 3 次方程式の解法を見よう．

1.2 3次方程式の解法

3次方程式の一般的解法が見つかったのは16世紀のことである．その解法について最初に出版したのは，イタリアの数学者カルダーノ[2]であった．その結果を現代的な記号で導くことにしよう．

一般的な3次方程式は

$$ax^3 + bx^2 + cx + d = 0 \qquad (a \neq 0) \tag{1.5}$$

の形をしている．まず両辺を a で割って x^3 の係数を1にする．

$$x^3 + \frac{b}{a}x^2 + \frac{c}{a}x + \frac{d}{a} = 0.$$

ここで $X = x + \dfrac{b}{3a}$ とおく．すると

$$C = -\frac{b^2 - 3ac}{3a^2}, \quad D = \frac{2b^3 - 9abc + 27a^2 d}{27a^3}$$

として X に関する3次方程式で2乗の項がない方程式

$$X^3 + CX + D = 0$$

になる．

そこで，$b = 0$ であって，あとで表示が簡単になるように c と d を少し変更した

$$x^3 + 3cx - 2d = 0 \tag{1.6}$$

の解を求めることにしよう．

いま $x = u + v$ とおけば

$$u^3 + v^3 + 3(u+v)(uv + c) - 2d = 0$$

となる．もし

$$u^3 + v^3 - 2d = 0, \quad uv + c = 0$$

となる u と v があれば3次方程式の解が得られる．ところが，この式は

$$u^3 + v^3 = 2d, \quad u^3 v^3 = -c^3$$

と書いてみれば，u^3 と v^3 が2次方程式

[2) その解法を発見したのはタルタリア (本名はフォンタナ) であるといわれている．

$$t^2 - 2dt - c^3 = 0$$

の解であることは 2 次方程式の解と係数の関係としてよく知られたことである．これより

$$t = d \pm \sqrt{d^2 + c^3}$$

が得られ，これらが u^3 と v^3 である．これより u と v は

$$\sqrt[3]{d + \sqrt{d^2 + c^3}}, \quad \sqrt[3]{d - \sqrt{d^2 + c^3}} \tag{1.7}$$

である．こうして

$$x = \sqrt[3]{d + \sqrt{d^2 + c^3}} + \sqrt[3]{d - \sqrt{d^2 + c^3}}$$

は求める 3 次方程式の解である．

係数について特にことわらなかったが，複素数でも解の公式が得られている．代数学の基本定理 (定理 1.1) によれば，複素数の範囲に，解は重複度もこめて 3 個あるはずである．残りの 2 個は u^3, v^3 からその 3 乗根 (1.7) を求めるところに隠れている．1 の 3 乗根は

$$x^3 - 1 = (x - 1)(x^2 + x + 1) = 0$$

の解であるから，1 のほかに $x^2 + x + 1 = 0$ の解である 1 の複素立方根

$$\frac{-1 + \sqrt{3}i}{2}, \quad \frac{-1 - \sqrt{3}i}{2}$$

の二つがある．この一方を ω とおけば，もう一方は ω^2 である．前者を ω としよう．すると u, v としては

$$\omega^p \sqrt[3]{d + \sqrt{d^2 + c^3}}, \quad \omega^q \sqrt[3]{d - \sqrt{d^2 + c^3}} \qquad (p, q = 0, 1, 2) \tag{1.8}$$

をとるべきである．その中で $uv = -c$ となる組み合わせは $\omega^{p+q} = 1$ となるときである．したがって $(p, q) = (0, 0), (1, 2), (2, 1)$ の 3 通りである．こうして次の解の公式が得られた．

定理 1.2 3 次方程式

$$x^3 + 3cx - 2d = 0$$

の解は ω を 1 の複素立方根として

$$\sqrt[3]{d+\sqrt{d^2+c^3}}+\sqrt[3]{d-\sqrt{d^2+c^3}},$$
$$\omega\sqrt[3]{d+\sqrt{d^2+c^3}}+\omega^2\sqrt[3]{d-\sqrt{d^2+c^3}},$$
$$\omega^2\sqrt[3]{d+\sqrt{d^2+c^3}}+\omega\sqrt[3]{d-\sqrt{d^2+c^3}}$$

である.

このようにして解を求めた 3 次方程式をもう一度振り返ってみよう. いま方程式 (1.6) の係数は実数であるとして, 三つの解がすべて実数である条件を求めることにする.

(1.6) の左辺を
$$f(x) = x^3 + 3cx - 2d$$
とおけば, $f'(x) = 3x^2 + 3c$ であるから, $c > 0$ ならば $f(x)$ は単調増加であり, $f(x) = 0$ となる x は一つしかない. すなわち, 実解はただ一つで, 残りの二つの解は実数ではない.

いま $c < 0$ と仮定しよう. $f'(x) = 0$ となるのは $x = \pm\sqrt{-c}$ であって, $x = -\sqrt{-c}$ において極大値 $-2c\sqrt{-c}-2d$ をとり, $x = \sqrt{-c}$ において極小値 $2c\sqrt{-c}-2d$ をとる. したがって, 方程式 (1.6) が相異なる三つの実解をもつ必要十分条件は $2c\sqrt{-c} - 2d < 0 < -2c\sqrt{-c} - 2d$, すなわち $c^3 + d^2 < 0$ となることである. また $c^3 + d^2 = 0$ ならば三つの実解のうち二つが重解となる.

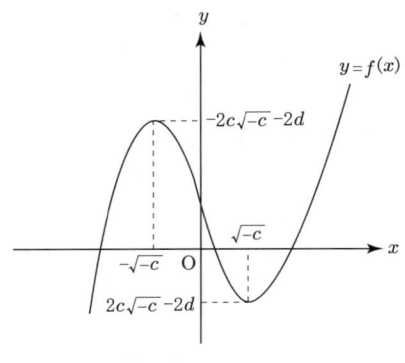

図 1.1 $f(x) = 0$

この結果は，3次方程式の解の公式を求める過程で，困った事態を生じさせる．方程式が実係数で相異なる三つの実解をもつとき，定理 1.2 より $\pm\sqrt{c^3+d^2}$ は虚数となり，u も v も実数でなくなる．しかし，結果として定理 1.2 の三つの数は実数になるのである．

ここで紹介した方法では実数解の範囲だけ考えても，複素数は不要であるとはいえなくなる．解法の過程で虚数が出てこない代数的解法の研究が多くの人々によってなされたが，ついにはそれが不可能であることが示された．

例 1.1 $\qquad x^3 - x = 0$

$c = -\dfrac{1}{3},\, d = 0$ であるから $u = \sqrt{\dfrac{-1}{3}},\, v = -\sqrt{\dfrac{-1}{3}}$ として

$$x = u+v = 0, \quad \omega u + \omega^2 v = 1, \quad \omega^2 u + \omega v = -1.$$

$$\text{ただし，}\quad \omega = \frac{-1+\sqrt{3}\,i}{2}. \qquad \square$$

1.3 数の体系

前にも述べたように，有理数の全体 $\boldsymbol{Q}$，実数の全体 $\boldsymbol{R}$，複素数の全体 $\boldsymbol{C}$ では四則演算が自由にできる．このような体系を**体** (たい) といい，それぞれを**有理数体，実数体，複素数体**という．

抽象的には次のように体を定義する．F を元を二つ以上含む集合とする．

体の定義

　集合 F の任意の二つの元 a, b に対して，和とよばれる F の元 $a+b$ と積とよばれる F の元 ab を与える 2 種類の演算があり，次の性質を満たすとき F を**体**という．

> **体の公理**
> (1) **(和の交換律)** $\quad a+b = b+a$.
> (2) **(和の結合律)** $\quad (a+b)+c = a+(b+c)$.
> (3) **(和に関する単位元)** すべての $a \in F$ に対して

> $$a + 0 = 0 + a = a$$
>
> を満たす特別な元 $0 \in F$ がある．
>
> (4) **(和に関する逆元)**　どの $a \in F$ に対しても
> $$a + (-a) = (-a) + a = 0$$
> となる $-a \in F$ がある．
>
> (5) **(積の交換律)**　$ab = ba$.
> (6) **(積の結合律)**　$(ab)c = a(bc)$.
> (7) **(積に関する単位元)**　すべての $a \in F$ に対して
> $$a1 = 1a = a$$
> となる特別な元 1 がある．
>
> (8) **(積に関する逆元)**　0 ではないどの $a \in F$ に対しても
> $$aa^{-1} = a^{-1}a = 1$$
> となる $a^{-1} \in F$ がある．
>
> (9) **(分配律)**　$a(b+c) = ab + ac, \quad (a+b)c = ac + bc$.

和の逆元を用いて差 $a - b = a + (-b)$ が，$b \neq 0$ のとき積の逆元を用いて商 $a/b = ab^{-1}$ が定義され，体は四則演算が自由にできる体系だということになる．

体においては次のようなことは簡単に分かる．

(1)　和に関する単位元はただ一つしかない．実際，0 と $0'$ が単位元ならば
$$0 = 0 + 0' = 0'$$
となるからである．

(2)　和に関する逆元はただ一つしかない．実際，a' と a'' が a の逆元ならば
$$a' = a' + 0 = a' + (a + a'') = (a' + a) + a'' = 0 + a'' = a''.$$

(3)　$-(-a) = a$．実際，逆元の定義から a は $-a$ の逆元である．

(4)　$0a = 0$．実際，

$$0a = (0+0)a = 0a + 0a$$

より

$$0 = 0a + (-0a) = (0a + 0a) + (-0a) = 0a + (0a + (-0a)) = 0a + 0 = 0a.$$

(5)　$(-1)a = -a$. 実際,

$$a + (-1)a = 1a + (-1)a = (1 + (-1))a = 0a = 0$$

であるから, $(-1)a$ は a の和に関する逆元でなければならない.

整数の全体 $\mathbf{Z}$ は体にはならない. 1 と -1 以外は積に関する逆元 (逆数) が $\mathbf{Z}$ の中になく, 条件 (8) が成り立たないからである. n 次正方行列のの全体を考えれば和と積がある. 2 次のときは

$$\begin{pmatrix} a & b \\ c & d \end{pmatrix} + \begin{pmatrix} e & f \\ g & h \end{pmatrix} = \begin{pmatrix} a+e & b+f \\ c+g & d+h \end{pmatrix},$$

$$\begin{pmatrix} a & b \\ c & d \end{pmatrix} \begin{pmatrix} e & f \\ g & h \end{pmatrix} = \begin{pmatrix} ae+bg & af+bh \\ ce+dg & cf+dh \end{pmatrix}$$

が和と積である. やはり一般の正方行列は逆元 (逆行列) をもたないから, n 次正方行列の全体は体ではない. しかも行列の積に対しては, 積の交換律 (5) も成り立たない. 体の定義の中で, (5) と (8) を仮定しないで, (1)〜(4), (6), (7), (9) の性質をもつ和と積がある集合を**環**という. 整数全体 $\mathbf{Z}$ は**整数環**という. $\mathbf{Z}$ では積の交換律が成り立つ. このように (5) が成り立つ環を**可換環**という. $\mathbf{Z}$ は可換環で, 2 次の正方行列の全体は可換ではない環である.

体の拡大

実数しか知らないとして, 複素数を定義するにはいくつかの方法がある. 前に説明したように, 複素数は $i^2 = -1$ となる一つの数 (あるいは記号) を考えて $a + bi\,(a, b \in \mathbf{R})$ と表される数 (あるいは記号) である. 数の演算は実数の演算とまったく同じで, i^2 が現れたらそれを -1 で置き換えればよろしい. したがって, 和と積は

(1)　$(a + bi) + (c + di) = (a + c) + (b + d)i,$
(2)　$(a + bi)(c + di) = (ac - bd) + (ad + bc)i$

となる．すると複素数の全体を C で表すと C は体の公理 (1) 〜 (9) を満たす．この方法は R の中では因数分解できない方程式 $x^2+1=0$ の解を R に「添加」して体 C を構成するというものである．

　複素数体の一番重要なことは代数学の基本定理 (定理 1.1) が成り立つことである．最初の正しい証明はガウスの 22 歳のときの学位論文で与えられた．その体の元を係数とするどんな代数方程式もその体に解をもつような体は**代数的閉体**とよばれる．複素数体は代数的閉体なのである．こうして方程式を解くという立場からは数の拡張は複素数で完成する．

ガウス

　複素数 $a+bi$ に実数の組 (a,b) を対応させて同じと見れば，虚数 bi は 0 と実数 b の組 $(0,b)$ と同一視できる．そして理解できない「虚」の数を，存在が理解される現実の数として捉えることができる．複素数をこのような実数の組として公理的に定義したのはハミルトンである．

ハミルトン

　二つの実数 a と b の組 (a,b) の全体を R^2 で表す．ただし，二つの組 (a,b) と (c,d) が等しい，$(a,b)=(c,d)$ というのは，$a=c$ と $b=d$ がともに成り立つときと約束する．すると実線形空間としては C は R^2 と同じで 2 次元であるような体である．代数学では C は R の 2 次の**拡大体**であるという．それでは，R の拡

大体で C を含んでいるような 3 次以上の拡大体はあるのだろうか.

3次元で考えてみよう. $1 = (1, 0, 0)$, $i = (0, 1, 0)$ ともう一つ独立な $j = (0, 0, 1)$ をとろう. 規則としては体の公理と $i^2 = -1$ が成り立っているものとする.

$$ij = (a, b, c) = a + bi + cj \quad (a, b, c \in \boldsymbol{R})$$

とすれば

$$-j = i^2 j = i(a + bi + cj) = ai - b + cij = ai - b + c(a + bi + cj)$$
$$= (ac - b) + (a + bc)i + c^2 j$$

となって, j の係数を比較すれば $c^2 = -1$ になり, c が実数であることに反する. したがって $\boldsymbol{R}^2$ のときの拡張としての積は定義できないことになる. 実は $\boldsymbol{R}^n$ に演算を定義して体になるのは $n = 1$ または 2 のときであることが分かっている.

体の条件をゆるめて, 積の可換性を放棄すれば, $n = 4$ のとき非可換体になることが知られている. $1 = (1, 0, 0, 0)$, $i = (0, 1, 0, 0)$, $j = (0, 0, 1, 0)$, $k = (0, 0, 0, 1)$ とし,

$$i^2 = j^2 = k^2 = -1, \quad ij = -ji = k, \quad jk = -kj = i, \quad ki = -ik = j$$

として積を定義する. このようにして複素数を拡張した数を**四元数**という. ハミルトンによって最初に発見された.

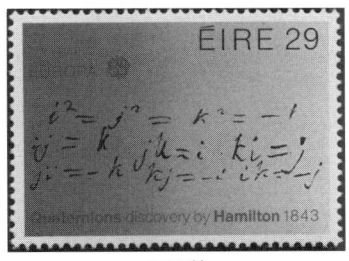

四元数

演習問題 1

1. (1) $\sqrt{2}$ は有理数ではないことを証明せよ.

(2) $\sqrt{3}$ は有理数ではないことを証明せよ．

2. 次の 3 次方程式を解け．
  (1) $x^3 - 6x^2 + 11x - 6 = 0$
  (2) $x^3 + x^2 - 2 = 0$

3. $a, b \in \boldsymbol{Q}$ によって $a + b\sqrt{2}$ と表される数の全体を $\boldsymbol{Q}(\sqrt{2})$ とする．このとき $\boldsymbol{Q}(\sqrt{2})$ は実数における和と積に関して体であることを示せ．

4. 体において積に関する単位元はただ一つしかないことを示せ．また 0 ではない任意の元に対して，逆元はただ一つであることを示せ．

5. $\boldsymbol{F}_2$ を 0 と 1 からなる集合で，和 $a + b$ と積 $a \cdot b$ を
$$0 + 0 = 1 + 1 = 0, \quad 0 + 1 = 1 + 0 = 1,$$
$$0 \cdot 0 = 0 \cdot 1 = 1 \cdot 0 = 0, \quad 1 \cdot 1 = 1$$
によって定義すれば，$\boldsymbol{F}_2$ は体となることを示せ．

第2章　複素数と複素数平面

本章のキーワード
実数の順序，実数の連続性，複素数の構成，複素数平面，実軸，虚軸，偏角，絶対値，極形式，ド・モアブルの定理，共役複素数，点列，収束，無限遠に発散，コーシー列

　実数の拡張として複素数を定義する．体である代数構造と完備性という位相構造は複素数の世界でも保たれるが，順序構造はあきらめねばならない．実数は直線で表現されるが，複素数は平面で表現される．逆に，直線を計るのが実数であるのに対し，平面を計るのが複素数であるということもできる．複素数を平面上に表示することによって，単に点としてだけではなく，ベクトルとしての性質が複素数の代数的な演算を反映する．

2.1　実数の性質1 —— 順序

　実数には大小関係がある．すなわち，任意に二つの実数 a, b をもってくれば
$$a < b, \quad a = b, \quad a > b$$
のうちの一つだけが必ず成り立つ．一般にある集合の関係があって，それを $\leqq$ で表すとき，

(1)　$a \leqq a$,
(2)　$a \leqq b, b \leqq c$ ならば $a \leqq c$　（推移律），
(3)　$a \leqq b, b \leqq a$ ならば $a = b$　（反対称律）

が成り立つとき**順序**といい，順序の定義された集合を**順序集合**という．順序集合の中で，どの二つの元 a, b も，$a \leqq b$ あるいは $b \leqq a$ が成り立つとき，その集合

を**全順序集合**という．$a \leqq b$ を $b \geqq a$ とも書き，$a \leqq b$ かつ $a \neq b$ のとき $a < b$ あるいは $b > a$ と書けば，普通の親しんだ記号を使うことができる．

実数の集合 $\boldsymbol{R}$ は $a < b$ または $a = b$ のとき，$a \leqq b$ とすれば全順序集合になる．実数の集合 $\boldsymbol{R}$ は全順序集合というだけではなく，体であって演算と順序がうまくかみ合っている．体 F が全順序集合であるとする．$a > 0$ となる a を正，$a < 0$ となる a を負とよぼう．F において次の性質が成り立つとき，F は**順序体**であるという．

(1) $a < b$ ならば，すべての $c \in F$ に対して $a + c < b + c$,

(2) $a < b$ ならば，$c > 0$ であるすべての $c \in F$ に対して $ac < bc$.

定理 2.1 順序体においては次の性質が成り立つ．

(1) $a > 0$ ならば $-a < 0$ であり，$a < 0$ ならば $-a > 0$ である．

(2) $a < b$, $c < 0$ ならば $ac > bc$ である．

(3) $a > 0$, $b > 0$ または $a < 0$, $b < 0$ ならば $ab > 0$ であり，
$a > 0$, $b < 0$ または $a < 0$, $b > 0$ ならば $ab < 0$ である．

証明 (1) $a > 0$(あるいは $a < 0$)の両辺に $-a$ を加えれば $-a < 0 (-a > 0)$ が得られる．

(2) $a < b$ の両辺に正の $-c$ をかければ $-ac < -bc$ であり，この両辺に $ac + bc$ を加えれば $ac > bc$ である．

(3) $a > 0$, $b > 0$ のとき $ab > 0b = 0$. $a < 0$, $b < 0$ のときは $-a > 0$, $-b > 0$ となるので，$0 < (-a)(-b) = ((-1)a)(-b) = a((-1)(-b)) = a(-(-b)) = ab$. $a > 0$, $b < 0$ のとき $-b > 0$ より $a(-b) > 0$ となり $-ab > 0$ となるので $ab < 0$ となる． ∎

(3) より，$a \neq 0$ ならば $a^2 > 0$. したがって $1 = 1^2 > 0$ である．もし複素数体 $\boldsymbol{C}$ に実数の拡張としての順序が入り，順序体になるとすれば，$-1 = i^2$ は正にならなければならなくなってしまう．したがって $\boldsymbol{C}$ は順序体にはならない．

2.2 実数の性質2 —— 連続性

実数の性質として重要な連続性を説明しよう．有理数体 Q も実数体 R も順序体であるが，この二つを分けるのが連続性である．

> **実数の連続性**　上に有界な実数の集合には上限がある．

ここで実数の集合 A に対して A のどの数もある実数 b より大きくないとき，b を A の一つの**上界**といい，上界がある集合を**上に有界**な集合という．上界より大きい数はすべて上界であるから，もっとも関心があるのは最小の上界である．最小の上界を A の**上限**といい，$\sup A$ と表す．**下界**，**下に有界**，**下限**（$\inf A$ と表す）も同じように定義される．上にも下にも有界な集合を単に**有界**な集合という．

例えば，半開区間 $[0, 1) = \{x \in R \mid 0 \leqq x < 1\}$ は有界集合である．最小値は 0 であるが最大値をもたない．1 は上界であるが，1 より小さいと上界にはならない．したがって上限は 1 で下限は 0 である．

実数の場合は，上に有界な集合は実数の中に上限が存在するというのが実数の連続性である．有理数の場合は，例えば集合

$$A = \{x \in Q \mid x^2 < 2 \text{ または } x < 0\}$$

を考えてみよう．例えば，$x > 2$ ならば $x^2 > 4$ であるから，$x \in A$ ならば $x \leqq 2$ となって，2 は一つの上界である．したがって A は上に有界である．有理数で上限 l があるとすれば $\sqrt{2}$ より小さくなくてはならず，$\sqrt{2}$ を小数で表したときの小数以下の桁を十分大きくすれば，l より大きい A の数が存在することになり，l が上界であることに矛盾する．したがって A は有理数の中には上限をもたない．

実数の連続性から**アルキメデスの原理**と**コーシーの収束条件**が導かれる．

> **アルキメデスの原理**　自然数全体の集合 N は上に有界ではない．

アルキメデスの原理は，どんな正の数も，それを何回も加えてゆけばどんなにでも大きくすることができるということである．この原理は至極当然であって，わざわざ名前を付けて原理として掲げるまでもないと思われるかも知れない．実

アルキメデス

は体の各元に絶対値に当たる数値を対応させるさせ方によっては，この原理の成り立たない体系があるのである (非アルキメデス的賦値)．

無限数列 $a_1, a_2, \cdots$ において n が大きくなれば数 a_n は a にいくらでも近づくなら，この数列は a に収束するといって，a をこの数列の極限値という．記号では

$$\lim_{n \to \infty} a_n = a \quad \text{または} \quad a_n \to a \ (n \to \infty)$$

と書く．この収束の定義は分かりにくいのであるが，その意味は次の通りである．近づくというのは a_n と a との距離 $|a_n - a|$ が n とともに小さくなるということである．どんな (小さな) 正の数 ε に対しても，ある番号より先ではすべて $|a_n - a| < \varepsilon$ を満たすということである．この番号は ε によって決まる．$a_n = \dfrac{1}{2^n}$ である数列を例にとれば，$\varepsilon = \dfrac{1}{10}$ とすれば，$n > 3$ のとき $|a_n - 0| < \varepsilon$ であり，$\varepsilon = \dfrac{1}{100}$ とすれば，$n > 6$ のとき $|a_n - 0| < \varepsilon$ である．一般の ε に対しては，$n > -\dfrac{\log \varepsilon}{\log 2}$ のときこの不等式 $|a_n - 0| < \varepsilon$ が成り立ち，$a_n \to 0 \ (n \to \infty)$ となる．

無限数列 $a_1, a_2, \cdots$ の中から項を取り出して，項の番号が $n_1 < n_2 < \cdots$ となるように作った数列 $a_{n_1}, a_{n_2}, \cdots$ を元の数列の部分列という．次の定理は実数の連続性から導かれる実数の重要な性質の一つである．

定理 2.2（ワイエルシュトラスの定理） 有界な実数列は収束する部分列を含む．

$a_1 = 0.9,\ a_2 = 0.99,\ a_3 = 0.999,\ \cdots$ という数列ならば $a_n \to 1\ (n \to \infty)$ であり，$a_n = 2^{-n}$ ならば $a_n \to 0\ (n \to \infty)$ である．この二つの例はいずれも有理

数からなる数列で，極限値も有理数である．私たちは $\sqrt{2}$ は無理数であることを知っている．$\sqrt{2}$ を小数表示すると

$$\sqrt{2} = 1.41421356\cdots$$

で，この表示は計算すればいくらでも詳しく求めることができる．この数の小数第 n 位までの小数を a_n とすれば $a_n \in \boldsymbol{Q}$ で $a_n \to \sqrt{2} \ (n \to \infty)$ である．しかし，その極限値 $\sqrt{2}$ は $\boldsymbol{Q}$ の中にはない．有理数列の話をするとき，有理数を極限値にもたないといっても，実数の極限値をもつものと実数にも極限値をもたない数列がある．この区別を有理数の範囲で記述するのが次のコーシー列の概念である．

数列 $a_1, a_2, \cdots, a_n, \cdots$ は

$$\lim_{m,n\to\infty}(a_n - a_m) = 0$$

が成り立つとき**コーシー列**，あるいは**基本列**といわれる．

コーシー

定理 2.3（コーシーの収束条件） 実数からなるコーシー列は収束する．

収束する数列がコーシー列であることは，もし $a_n \to a$ とすれば

$$|a_n - a_m| = |(a_n - a) - (a_m - a)| \leqq |a_n - a| + |a_m - a| \to 0$$

となることより分かる．コーシーの収束条件は，実数に対してはこの逆が成り立つことを主張するものである．有理数に対しては一般には成り立たない．

逆にアルキメデスの原理とコーシーの収束条件があれば，実数の連続性が証明できる．しかし有理数体 $\boldsymbol{Q}$ ではコーシー列が収束するとは限らない．コーシー列

が収束する体を**完備体**という．R は完備体である．

2.3　複素数の導入

実数の性質を用いて複素数を定義しよう．この方法はハミルトンによるものである．

二つの実数 a と b の順序付けられた組 (a, b) の全体を R^2 で表す．R^2 の要素を $\alpha, \beta, \cdots$ などと表すことにしよう．R^2 に 2 種類の演算である和と積を次のように定めよう．$\alpha = (a, b), \beta = (c, d)$ に対して

$$\alpha + \beta = (a + c, b + d), \qquad \alpha\beta = (ac - bd, ad + bc)$$

とする．このとき組 (a, b) を**複素数**とよぼうというのである．複素数全体はいま定義した和と積によって体になることを見よう．

体であることをいうには §1.3 の体の公理の条件 (1) 〜 (9) が成り立つことを示す．このとき実数全体はこれらの条件を満たして体となっていることを使う．

(1) 和の交換律と (2) 和の結合律は実数の性質に帰着され直ちに分かる．(3) 和に関する単位元としては $(0, 0)$ をとればよい．$\alpha = (a, b)$ のとき $-\alpha = (-a, -b)$ とおけば $\alpha + (-\alpha) = (0, 0)$ であるから，(4) が成立する．$\alpha + (-\beta)$ を $\alpha - \beta$ と表す．積に関する性質も同様に実数の性質に帰着されることが，次のように分かる．$\alpha = (a, b), \beta = (c, d)$ として

$$\begin{aligned}\alpha\beta &= (ac - bd, ad + bc) = (ca - db, cb + da) \\ &= (c, d)(a, b) = \beta\alpha\end{aligned}$$

であるから交換律 (5) が成り立つ．次に $\gamma = (e, f)$ として

$$\begin{aligned}(\alpha\beta)\gamma &= (ac - bd, ad + bc)(e, f) \\ &= ((ac - bd)e - (ad + bc)f, (ac - bd)f + (ad + bc)e) \\ &= (a(ce - df) - b(cf + de), a(cf + de) + b(ce - df)) \\ &= (a, b)(ce - df, cf + de) = \alpha(\beta\gamma)\end{aligned}$$

となって積の結合律 (6) が成り立つことが分かる．また

$$(a, b)(1, 0) = (a, b)$$

であるから，$(1, 0)$ が積の単位元 1 の役割をしている ((7))．$\alpha = (a, b) \neq (0, 0)$

のとき
$$(a, b)\left(\frac{a}{a^2+b^2}, -\frac{b}{a^2+b^2}\right) = (1, 0)$$
であるから
$$\alpha^{-1} = \frac{1}{\alpha} = \left(\frac{a}{a^2+b^2}, -\frac{b}{a^2+b^2}\right) \tag{2.1}$$
となり，積の逆元が存在する ((8))．最後に (9) 分配律は
$$\begin{aligned}
\alpha(\beta+\gamma) &= (a, b)((c, d) + (e, f)) = (a, b)(c+e, d+f) \\
&= (a(c+e) - b(d+f), a(d+f) + b(c+e)) \\
&= (ac - bd, ad + bc) + (ae - bf, af + be) = \alpha\beta + \alpha\gamma
\end{aligned}$$
と成り立つことが確かめられる．

複素数体をあらためて $\boldsymbol{C}$ で表す．ここで $\boldsymbol{R}$ から $\boldsymbol{C}$ への写像
$$a \mapsto (a, 0)$$
を考えよう．するとこの写像は 1 対 1 (単射) であって，$a+b$ には $(a, 0) + (b, 0)$ が，ab には $(a, 0)(b, 0)$ が対応する．したがって，$\boldsymbol{R}$ の $\boldsymbol{C}$ における像は $\boldsymbol{R}$ と同じものと思ってもよく，同一視できる．そこで a と $(a, 0)$ を同じものだと思おう．すると容易に分かるように，$c \in \boldsymbol{R}$ のとき $c(a, b) = (a, b)c = (ca, cb)$ となる．いま複素数 $(0, 1)$ を i で表し，**虚数単位**とよぶ．すると
$$\begin{aligned}
i^2 &= (0, 1)(0, 1) = (0 \times 0 - 1 \times 1, 1 \times 0 + 0 \times 1) \\
&= (-1, 0) = -1
\end{aligned}$$
が得られる．ここで最後の等号は上の同一視による．そしてすべての複素数は $(a, b) = a(1, 0) + b(0, 1)$ であるから，
$$\alpha = a + bi \qquad (a, b \in \boldsymbol{R})$$
と一意的に表される．もちろん $a + bi = a + ib$ である．ai ($a \in \boldsymbol{R}$, $a \neq 0$) の形の複素数を**虚数**[3]という．

---

3) 純虚数ということもある．

2.4 複素数平面

実数は数直線で表すことができる．直線上に 0 を表す原点 O と 1 を表す単位点 E をとることにより，直線上の点と実数が対応する．直線を記述するものが実数だとすれば，平面を記述するのが複素数である．複素数は前節で見たように 2 次元的である．そこで複素数 $z = x + iy \in \boldsymbol{C}$ に座標平面上の点 (x, y) を対応させて同一視する．すると横軸 (x 軸) 上の点 $(x, 0)$ には実数 x が，縦軸 (y 軸) 上の点 $(0, y)$ には虚数 yi が対応する．このように平面上の点を複素数だと考えたときの平面を**複素数平面**，あるいは**ガウス平面**という (図 2.1)．**アルガン－コーシー平面**とよばれることもある[4]．複素数を複素数平面上で考えるときは点とよぶこともある．また複素数平面を複素数と同じ記号 $\boldsymbol{C}$ で表そう．そして横軸を**実軸**，縦軸を**虚軸**という．そして複素数 $z = x + yi$ に対して，x を z の**実部**といって $\mathrm{Re}\, z$ で表し，y を z の**虚部**といって $\mathrm{Im}\, z$ で表す．

二つの複素数 $z = x + yi$ と $w = u + vi$ の和 $z + w$ と差 $z - w$ は図 2.2 のようになる．平面における位置ベクトルの和および差と同じである．積と商は後ほど図示する．

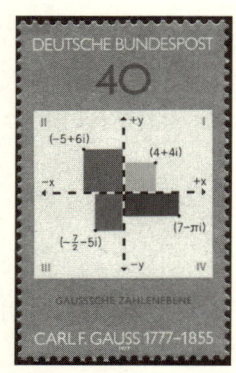

複素数平面 (ガウス平面)

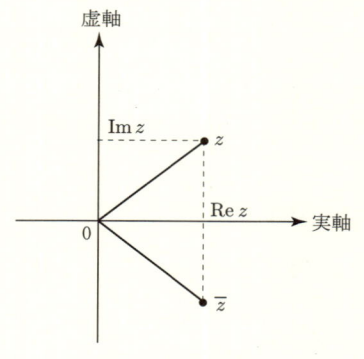

図 2.1　複素数平面

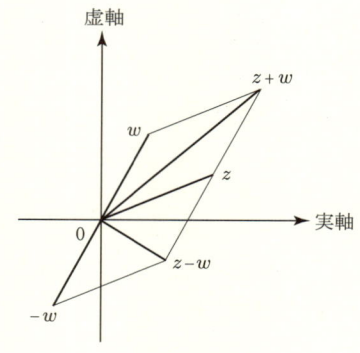

図 2.2　和と差

---

4) 複素数を平面上に表示することは最初にノルウェーの数学者ヴェッセルによって発表された (1798) が，長い間一般に知られることなく，アルガンやガウスは独立に複素数平面を考えた．

複素数 $z = x + yi$ に対して
$$\bar{z} = x - yi$$
を z の**共役複素数**という．複素数平面上では，実軸に関して対称な点が共役複素数である．共役複素数は次の性質をもつ．

定理 2.4（共役複素数の性質）
(1) $\overline{(\bar{z})} = z$.
(2) $\overline{z+w} = \bar{z} + \bar{w}$.
(3) $\overline{z-w} = \bar{z} - \bar{w}$.
(4) $\overline{zw} = \bar{z}\,\bar{w}$.
(5) $\overline{\left(\dfrac{z}{w}\right)} = \dfrac{\bar{z}}{\bar{w}}$ $(w \neq 0)$.

証明 性質 (1) 〜 (3) は明らかであろう．性質 (4) は $z = x + yi$, $w = u + vi$ とするとき
$$\overline{zw} = \overline{xu - yv + (xv + yu)i} = xu - yv - (xv + yu)i$$
$$= xu - (-y)(-v) + (x(-v) + (-y)u)i$$
$$= (x - yi)(u - vi) = \bar{z}\,\bar{w}$$
となって示される．性質 (5) は性質 (4) で z の代わりに z/w を代入すれば
$$\bar{z} = \overline{\left(\frac{z}{w}\right)} \bar{w}$$
が得られるから，両辺を $\bar{w}$ で割れば示される． ■

共役複素数を使えば
$$\mathrm{Re}\,z = \frac{z + \bar{z}}{2}, \qquad \mathrm{Im}\,z = \frac{z - \bar{z}}{2i}$$
と実部，虚部を表すことができる．さらに z が実数であるための必要十分条件は $\bar{z} = z$ であり，虚数であるための必要十分条件は $\bar{z} = -z$ である．

複素数 $z = x + yi$ の**絶対値** $|z|$ を
$$|z| = \sqrt{x^2 + y^2}$$

によって定義する．これは原点 0 と点 z の距離 (0 と z を結ぶ線分の長さ) であり，実数の絶対値の自然な拡張になっている．容易に分かるように

$$|z|^2 = |\overline{z}|^2 = z\overline{z}$$

が成り立つ．さらに絶対値は次のような性質をもつ．

定理 2.5（絶対値の性質）
(1) $|z| \geqq 0$ であり，$|z| = 0$ となるのは $z = 0$ のときに限る．
(2) $|z + w| \leqq |z| + |w|$ （三角不等式）．
(3) $|zw| = |z||w|$.

証明 まず，(1) は明らかであろう．性質 (2) は次のように分かる．$z = x+yi$, $w = u+vi$ として，まず

$$(x^2 + y^2)(u^2 + v^2) - (xu + yv)^2 = (xv - yu)^2 \geqq 0$$

が成り立つから，シュヴァルツの不等式

$$(xu + yv)^2 \leqq (x^2 + y^2)(u^2 + v^2) \tag{2.2}$$

が得られる．したがって，

$$|\operatorname{Re}(z\overline{w})| = |\operatorname{Re}\{(x+yi)(u-vi)\}| = |xu + yv|$$
$$\leqq \sqrt{x^2 + y^2}\sqrt{u^2 + v^2} = |z||w|$$

が得られ，これを用いて

$$|z + w|^2 = (z+w)\overline{(z+w)} = (z+w)(\overline{z} + \overline{w})$$
$$= z\overline{z} + w\overline{w} + z\overline{w} + \overline{z}w$$
$$= |z|^2 + |w|^2 + 2\operatorname{Re}(z\overline{w})$$
$$\leqq |z|^2 + |w|^2 + 2|z||w| = (|z| + |w|)^2$$

となって，性質 (2) が証明される．
(3)

$$|zw|^2 = (zw)\overline{(zw)} = zw\overline{z}\,\overline{w}$$
$$= (z\overline{z})(w\overline{w}) = |z|^2|w|^2$$

であるから $|zw| = |z||w|$ である. ∎

注意 1 シュヴァルツの不等式 (2.2) において等号が成り立つのは

$$xv - yu = 0$$

となるとき,すなわち

$$\mathrm{Im}\,(z\overline{w}) = 0$$

となるときである.三角不等式 (定理 2.5(2)) において等号が成り立つのはシュヴァルツの不等式で等式が成り立ち,かつ $\mathrm{Re}(z\overline{w}) \geqq 0$ のときである.(これは後で定義する偏角を用いれば

$$\arg z = \arg w$$

と表すことができる.)

2 点 z と w の間の**距離**は

$$d(z, w) = |w - z|$$

で定義される.絶対値の性質より,距離について次の性質が容易に導かれる.

(1) $d(z, w) \geqq 0$, $d(z, w) = 0$ となるのは $z = w$ のときに限る.
(2) $d(z, w) = d(w, z)$.
(3) $d(z, w) \leqq d(z, u) + d(u, w)$.

固定した複素数 $\alpha = a + bi$ があって,$d(z, \alpha) = |z - \alpha| \to 0$ となるとき,複素数 $z = x + yi$ は α に**収束**するといって,$z \to \alpha$ と表す.容易に分かるように,$z \to \alpha$ と $x \to a$ かつ $y \to b$ とは同値である.複素数列 $z_1, z_2, \cdots, z_n, \cdots$ は,ある複素数 α があって

$$\lim_{n \to \infty} |z_n - \alpha| = 0$$

となるとき,極限値 α に**収束**するという.

例 2.1 $|z| < 1$ ならば

$$\lim_{n \to \infty} |z^n - 0| = \lim_{n \to \infty} |z|^n = 0$$

であるから

$$\lim_{n \to \infty} z^n = 0$$

となる. □

複素数列に対する次の性質は形の上で実数列に対するものと同じであり, 証明も同様な方法でできる. ここでは証明は省略する.

> **定理 2.6** 複素数列 $\{z_n\}$ が α に, $\{w_n\}$ が β に収束するとする. そのとき
> (1) $z_n \pm w_n \to \alpha \pm \beta \quad (n \to \infty) \quad$ (複号同順).
> (2) $c \in \boldsymbol{C}$ に対し, $cz_n \to c\alpha \quad (n \to \infty)$.
> (3) $z_n w_n \to \alpha\beta \quad (n \to \infty)$.
> (4) $\beta \neq 0$ のとき
> $$\frac{z_n}{w_n} \to \frac{\alpha}{\beta} \quad (n \to \infty).$$

また, 数列 $\{z_n\}$ は
$$\lim_{m, n \to \infty} |z_n - z_m| = 0$$
が成り立つとき**コーシー列**という. このとき $z_n = x_n + y_n i \ (x_n, y_n \in \boldsymbol{R})$ とすれば
$$|x_n - x_m|, |y_n - y_m| \leqq |z_n - z_m|$$
であるから, 実数列 $\{x_n\}$ と $\{y_n\}$ は $\boldsymbol{R}$ におけるコーシー列になり, それぞれ実数 a と b に収束する. そこで $\alpha = a + bi$ とおけば
$$|z_n - \alpha| \leqq |x_n - a| + |y_n - b| \to 0 \quad (n \to \infty)$$
を満たす. したがって複素数体は完備体であることが分かる. さらに複素数列に対する次の**コーシーの収束条件**が成り立つことも分かった.

> **定理 2.7 (コーシーの収束条件)** 複素数列が収束するための必要十分条件は, それがコーシー列であることである.

数列 $\{z_n\}$ は n に関係なく $|z_n| < M$ となるような一定数 M があるとき**有界**であるといわれる．すると収束する数列は有界になる．というのは，極限値を α とすれば，ほとんどの z_n が α の近くに集まっているからである．

$d(z, 0) = |z| \to \infty$ のとき z は**無限遠** ∞ に**発散**するといって $z \to \infty$ と表す．これは平面上でどの方向であろうと遠くに行くことを意味する．

複素数平面 $\boldsymbol{C}$ 上の 0 と 0 ではない z を結ぶ線分と実軸の正の部分とのなす角 (実軸の正の部分からその線分まで反時計回りに計った角) を z の**偏角**といって $\arg z$ と表す (図 2.3)．$z = x + yi$ ならば $\arg z = \tan^{-1} \dfrac{y}{x}$ である．偏角は一意的には

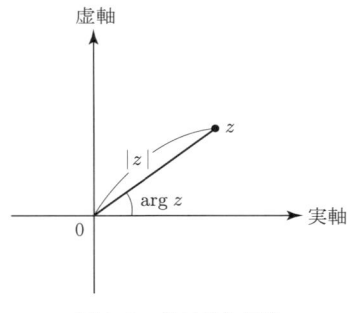

図 2.3 絶対値と偏角

決まらず，一つ偏角 θ をとれば，すべての整数 n に対して $\theta + 2n\pi$ も z の偏角である．$\arg z$ を z の関数と見れば，値が無限個ある無限多価関数である．もし偏角を $-\pi \leqq \arg z < \pi$ に制限すればただ一つ決まる．このように制限したものを偏角の**主値**という．$z = 0$ の偏角は任意であって値は決められない．$|z| = r$, $\arg z = \theta$ とすれば，$x = r\cos\theta$, $y = r\sin\theta$ であるから

$$z = r(\cos\theta + i\sin\theta)$$

と表される．この右辺を複素数 z の**極形式**，あるいは**極分解**という．

例題 2.1 次の複素数の極形式を求めよ．
 (1) $-1 + \sqrt{3}\,i$ 　　(2) $-2i$

解 (1) $|-1 + \sqrt{3}\,i| = \sqrt{(-1)^2 + (\sqrt{3})^2} = 2$ であるから

$$-1 + \sqrt{3}i = 2\left(-\frac{1}{2} + \frac{\sqrt{3}}{2}i\right) = 2\left(\cos\frac{2\pi}{3} + i\sin\frac{2\pi}{3}\right).$$

(2)　　$-2i = 2(-i) = 2\left(\cos\dfrac{3\pi}{2} + i\sin\dfrac{3\pi}{2}\right).$ 　　　　　　　　　　□

$z = r(\cos\theta + i\sin\theta) \neq 0$ のとき (2.1) より
$$\frac{1}{z} = \frac{1}{r}(\cos\theta - i\sin\theta) \tag{2.3}$$
である．$z_1 = r_1(\cos\theta_1 + i\sin\theta_1)$, $z_2 = r_2(\cos\theta_2 + i\sin\theta_2)$ のとき三角関数の加法定理によって
$$\begin{aligned}z_1 z_2 &= r_1 r_2\{(\cos\theta_1\cos\theta_2 - \sin\theta_1\sin\theta_2) + i(\sin\theta_1\cos\theta_2 + \cos\theta_1\sin\theta_2)\} \\ &= r_1 r_2\{\cos(\theta_1 + \theta_2) + i\sin(\theta_1 + \theta_2)\}\end{aligned} \tag{2.4}$$
となる．$z_2 \neq 0$ ならば
$$\frac{z_1}{z_2} = \frac{r_1}{r_2}\{\cos(\theta_1 - \theta_2) + i\sin(\theta_1 - \theta_2)\}$$
となる．これらの関係から複素数の積と商を図 2.4, 図 2.5 のように作図することができる．

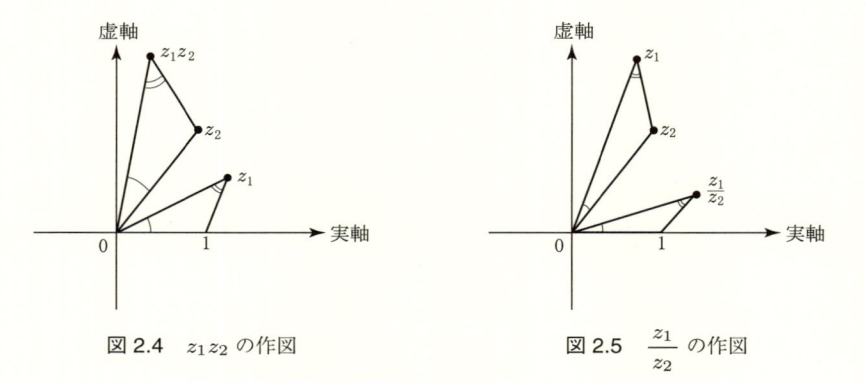

図 2.4　$z_1 z_2$ の作図　　　　　図 2.5　$\dfrac{z_1}{z_2}$ の作図

　積 $z_1 z_2$ の作図は 1, z_1, 0 でできる三角形にこの順序で頂点が $z_2, z, 0$ である相似な三角形を描く．すると辺の長さは $|z| : |z_1| = |z_2| : 1$ という関係があるので，$|z| = |z_1||z_2| = |z_1 z_2|$ となる．また，$\arg z_1 = \angle z - \angle z_2$ であるから，$\angle z = \angle z_1 + \angle z_2 = \angle(z_1 z_2)$ となるから $z = z_1 + z_2$ である．商の作図は自分で証明されたい．

　$|z| = 1$ のとき $z = \cos\theta + i\sin\theta$ ならば (2.4) より正整数 n に対して
$$(\cos\theta + i\sin\theta)^n = \cos n\theta + i\sin n\theta$$

となる．また (2.3) と合わせれば
$$(\cos\theta + i\sin\theta)^{-n} = \cos n\theta - i\sin n\theta$$
が成り立つことが分かる．これが次の定理である．

定理 2.8（ド・モアブルの定理） 整数 n に対して
$$(\cos\theta + i\sin\theta)^n = \cos n\theta + i\sin n\theta$$
が成り立つ．

演習問題 2

1. 次の複素数を $a + bi$ の形に直せ．
  (1) $(1+2i)^3$
  (2) $\dfrac{2+4i}{1-i}$
  (3) $(2-3i)^2(1+4i)$
  (4) $\dfrac{1}{1-i} + \dfrac{i}{1+i}$

2. 次の複素数の極形式を求めよ．
  (1) $3 + \sqrt{3}\,i$
  (2) $\dfrac{1}{1+i}$
  (3) $(-1+\sqrt{3}\,i)^2$
  (4) $-3i^5$

3. 複素数平面上の点 z に対して，次の複素数の表す点を求めよ．
  (1) $z+3$
  (2) $z-2i$
  (3) $2z$
  (4) $-z$
  (5) $\dfrac{1}{z}$
  (6) z^2

4. 複素数 z_1, z_2 に対して z_1+z_2 も $z_1 z_2$ も実数ならば，
  (1) z_1, z_2 がともに実数である，
  (2) $z_2 = \overline{z_1}$ である
のいずれかであることを示せ．

5. 複素数 α が実係数の代数方程式，すなわち
$$a_n x^n + a_{n-1}x^{n-1} + \cdots + a_1 x + a_0 = 0 \quad (a_0, \cdots, a_n \in \mathbf{R},\ a_n \neq 0)$$

の解ならば，共役複素数 $\bar{\alpha}$ も同じ方程式の解であることを示せ．

6. ある集合 X の部分集合の全体を $\mathfrak{P}(X)$ とする．$A, B \in \mathfrak{P}(X)$ は A のすべての元が B の元であるとき，A は B の**部分集合**といい，$A \subset B$ と表し，$A \subset B$ かつ $B \subset A$ のとき A と B は等しいといい，$A = B$ と表す．$\mathfrak{P}(X)$ は関係 $\subset$ に関して順序集合になることを示せ．

7. x, y を実数として実 2 次行列
$$\begin{pmatrix} x & y \\ -y & x \end{pmatrix}$$
の全体を M とする．
  (1) M は行列の和と積に関して体になることを示せ．
  (2) 複素数体 C から M への写像 f を
$$f(x+iy) = \begin{pmatrix} x & y \\ -y & x \end{pmatrix}$$
によって定義する．f は C から M の全単射 (すなわち，上への 1 対 1 写像) で，すべての $z_1, z_2 \in C$ に対して
  (a) $f(z_1 + z_2) = f(z_1) + f(z_2)$,
  (b) $f(z_1 z_2) = f(z_1) f(z_2)$
が成り立つことを示せ．

二つの体の間の写像 f が (a), (b) を満たすとき**準同型写像**，さらにそれが全単射であるとき**同型写像**という．

第3章 複素数と平面幾何

本章のキーワード

リーマン球面,立体射影,無限遠点,コンパクト化,
平行移動,回転,合同変換,運動,直線,円,
トレミーの定理,正多角形,1 の n 乗根

$|z| \to \infty$ を複素数平面で方向にかかわらず無限遠に発散と一まとめにしてしまうのは雑にすぎるように思われるかも知れないが,複素数を球面で考えれば無限遠を1点と考えることの意味が明らかになる.

平面上の点を複素数で表すことにより,平面曲線を表す方程式が複素数を用いて表される.本章では図形の合同を表す複素数の変換の特徴付けを行い,代表的な図形として円と直線および正多角形を取り上げる.

3.1 リーマン球面

複素数 $z = x + iy$ に点 $(x, y, 0)$ を対応させることによって,複素数平面 $\boldsymbol{C}$ を (x_1, x_2, x_3) を座標とする 3 次元空間 $\boldsymbol{R}^3$ 内の $x_3 = 0$ である平面と同一視することができる. x_1 軸が実軸,x_2 軸が虚軸として $x_1 x_2$ 平面を複素数平面と思う.$\boldsymbol{R}^3$ において,原点 $\mathrm{O} = (0, 0, 0)$ を中心とし半径が 1 の球面 $\boldsymbol{S} : x_1^2 + x_2^2 + x_3^2 = 1$ を考える (図 3.1).$\boldsymbol{S}$ の北極 $\mathrm{N} = (0, 0, 1)$ と任意の複素数 $z = x + iy$ を線分で結べば,N ではない球面上のもう 1 点 $\mathrm{Z} = (x_1, x_2, x_3)$ で球面と交わる.$|z| < 1, |z| = 1, |z| > 1$ に応じて Z はそれぞれ南半球 ($x_3 < 0$),赤道 ($x_3 = 0$),北半球 ($x_3 > 0$) にある.対応 $z \mapsto \mathrm{Z}$ は複素数平面 $\boldsymbol{C}$ から,球面 $\boldsymbol{S}$ から点 N を除いた集合 $\boldsymbol{S} \setminus \{\mathrm{N}\}$ の上への 1 対 1 の対応である.z が無限遠に発散する,$z \to \infty$ のとき点 Z は N にいくらでも近くなる.したがって,北極 N を**無限遠点** ∞ だと考えれば,球面 $\boldsymbol{S}$ は複素数平面 $\boldsymbol{C}$ に無限遠点 ∞ を付け加えたもの $\boldsymbol{C} \cup \{\infty\}$ と

見なすことができる．こう見なしたときの S をリーマン球面といい，$C \cup \{\infty\}$ から S への写像 $z \mapsto Z$ を**立体射影**という．

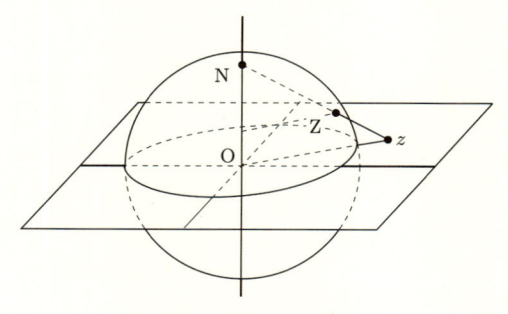

図 3.1　リーマン球面

実数体 $\boldsymbol{R}$ のときは $|x| \to \infty$ は $x \to \infty$ の場合も $x \to -\infty$ の場合もあり得る．同じように考えるとすれば，$\boldsymbol{C}$ においてはいろいろな方向の無限遠点がある．それを前節において $|z| \to \infty$ をただ一つの無限遠 ∞ に発散すると表現したのは，複素数平面を上のようにリーマン球面から北極を除いた領域に対応させれば，無限遠点が目に見える形で理解できるからである．無限にまで広がったような空間に点を付け加えて有界な閉じた空間にすることを**コンパクト化**という．リーマン球面は複素数平面に 1 点を付け加えたもので，1 点コンパクト化とよばれるものになっている．

$z = x + yi \in \boldsymbol{C}$ と $Z = (x_1, x_2, x_3) \in S$ との具体的な対応は次のようになる．直角三角形 $\mathrm{N}\mathrm{O}z$ において

$$x_1 : x = x_2 : y = (1 - x_3) : 1$$

であるから，この値を t とおいて得られる

$$x_1 = xt, \quad x_2 = yt, \quad x_3 = 1 - t$$

を $x_1^2 + x_2^2 + x_3^2 = 1$ に代入して t について解けば，

$$t = \frac{2}{x^2 + y^2 + 1} = \frac{2}{|z|^2 + 1}$$

となるから

$$x_1 = \frac{2\,\mathrm{Re}\,z}{|z|^2 + 1}, \quad x_2 = \frac{2\,\mathrm{Im}\,z}{|z|^2 + 1}, \quad x_3 = \frac{|z|^2 - 1}{|z|^2 + 1} \tag{3.1}$$

が得られる．逆に $x = \dfrac{x_1}{t}$, $y = \dfrac{x_2}{t}$, $t = 1 - x_3$ であるから
$$z = \frac{x_1 + x_2 i}{1 - x_3} \tag{3.2}$$
となる．

Z を極座標で表せば
$$x_1 = \sin\theta\cos\varphi, \quad x_2 = \sin\theta\sin\varphi, \quad x_3 = \cos\theta$$
となる．したがって (3.2) より
$$z = \frac{\sin\theta}{1 - \cos\theta} e^{i\varphi} = \cot\frac{\theta}{2} \cdot e^{i\varphi}$$
と表すことができる．

C 上の直線の立体射影による像は，その直線と N を通る平面とリーマン球面 S との共通部分である．したがって N を通る S 上の円となる．そこで N を通らない S 上の円に対応する C 上の曲線を求めてみよう．S 上の円は平面と S との共通部分であるから，その平面を
$$ax_1 + bx_2 + cx_3 = d$$
としよう．N を通らないという条件は $c \neq d$ である．Z $= (x_1, x_2, x_3)$ に $z = x + iy$ が対応していれば，(3.1) より
$$(c - d)(x^2 + y^2) + 2ax + 2by = c + d$$
であるが，$c \neq d$ であるからこれは円である．

逆に複素数平面 C 上に中心が $\alpha = a + ib$，半径が R の円 $|z - \alpha| = R$ があったとする．すると円は
$$(x - a)^2 + (y - b)^2 = R^2$$
であるから
$$-(x^2 + y^2) + 2ax + 2by = a^2 + b^2 - R^2$$
と書いて
$$c = \frac{a^2 + b^2 - R^2 - 1}{2}, \quad d = \frac{a^2 + b^2 - R^2 + 1}{2}$$
とおけば
$$2ax + 2by + c(x^2 + y^2 - 1) = d(x^2 + y^2 + 1)$$

が得られる．(3.1) を代入すれば平面の方程式

$$ax_1 + bx_2 + cx_3 = d$$

が得られ，これは N を通らない．こうして次の定理が得られた．

定理 3.1 立体射影によってリーマン球面 S 上の北極 N を通らない円と複素数平面 C 上の円が，S 上の N を通る円と C 上の直線が 1 対 1 に対応する．

3.2 平行移動と回転

xy 平面上の図形 F を x 軸方向に a，y 軸方向に b だけ平行移動すれば，F の点 (x, y) は座標が $(x+a, y+b)$ である点になる．複素数平面においては，$\alpha = a + ib$ として，$z = x + iy$ に $w = z + \alpha$ を対応させる写像が**平行移動**を表す．

z を極形式で $z = r(\cos\theta + i\sin\theta)$ と表して，z に θ を $\theta + \tau$ に変えた

$$w = r\{\cos(\theta + \tau) + i\sin(\theta + \tau)\}$$

を対応させる写像は原点の周りの τ だけの**回転**である．

$$w = r\{\cos\theta\cos\tau - \sin\theta\sin\tau + i(\sin\theta\cos\tau + \cos\theta\sin\tau)\}$$
$$= (\cos\tau + i\sin\tau)r(\cos\theta + i\sin\theta) = (\cos\tau + i\sin\tau)z$$

である．$\gamma = \cos\tau + i\sin\tau$ とおけば $|\gamma| = 1$ である γ を掛ける写像

$$z \mapsto w = \gamma z$$

が原点の周りの回転を表す．

点 α の周りの τ だけの回転は，$\gamma = \cos\tau + i\sin\tau$ として，平行移動と原点の周りの回転の合成写像

$$z \mapsto z - \alpha \mapsto \gamma(z - \alpha) \mapsto \gamma(z - \alpha) + \alpha$$

によって得られる．したがって，回転と平行移動を組み合わせた写像は

$$z \mapsto w = \gamma z + \alpha \qquad (\alpha, \gamma \in \mathbf{C},\ |\gamma| = 1)$$

の形をしている．$w = f(z)$ とおけば，任意の $z, z' \in \boldsymbol{C}$ に対して

$$|f(z) - f(z')| = |(\gamma z + \alpha) - (\gamma z' + \alpha)|$$
$$= |\gamma(z - z')| = |\gamma||z - z'| = |z - z'|$$

となって，写像 f はどの 2 点 z, z' の間の距離 $d(z, z') = |z - z'|$ も変えない．図形 F は図形 $F' = f(F)$ と合同になる．このようにどの 2 点の間の距離も変えない $\boldsymbol{C}$ から $\boldsymbol{C}$ への写像を**合同変換**という．上の合同変換 f は平行移動と回転の組み合わせであるから裏返しはない．そのときは角の向きが保たれる．裏返しのない合同変換を**運動**という．したがって f は複素数平面の運動である．

逆に，複素数平面の運動は平行移動と原点の周りの回転からなることを見よう．まず

$$f(0) = 0$$

が成り立つときを考える．もう 1 点 β が $f(\beta) = \beta$ を満たすと仮定すれば，任意の点 z に対して

$$d(z, 0) = d(f(z), f(0)) = d(f(z), 0),$$
$$d(z, \beta) = d(f(z), f(\beta)) = f(f(z), \beta)$$

であるから，$f(z) = z$ であるか，または z と $f(z)$ は 0 と β を通る直線に関して対称である．f は裏返しではないので $f(z) = z$ となって，f はすべての点を動かさない写像，すなわち恒等写像になる．

したがって $\beta \neq 0$ に対して $f(\beta)$ は β をある角で 0 の周りに回転したものになっている．$f(\beta) = \gamma\beta$ $(|\gamma| = 1)$ としよう．この γ は β に依存しない．それは

$$g(z) = \gamma^{-1} f(z)$$

とおけば，g が運動であって 0 と β を不変にする．したがって上の結果から恒等写像である．すべての z に対して $g(z) = z$，すなわち

$$f(z) = \gamma z$$

となる．

$f(0) \neq 0$ のときは $h(z) = f(z) - f(0)$ とすれば，h は距離を変えず，$h(0) = 0$ を満たす．それゆえ $h(z) = \gamma z$ となる $\gamma \in \boldsymbol{C}$ $(|\gamma| = 1)$ がある．$\alpha = f(0)$ とおけば

$$f(z) = \gamma z + \alpha$$

となる.

こうして次の定理が得られた.

定理 3.2 複素数平面上の運動は回転と平行移動の合成である.

3.3 直線と円の方程式

直線

xy 平面において点 (x_0, y_0) を通り, 方向 (l, m) の直線の方程式は

$$\frac{x - x_0}{l} = \frac{y - y_0}{m}$$

である. この値を t とおいてパラメーターを導入すれば,

$$x = x_0 + lt, \quad y = y_0 + mt \qquad (t \in \boldsymbol{R})$$

となる. 複素数平面では $z = x + iy$, $z_0 = x_0 + iy_0$, $\lambda = l + im$ とおけば, 直線の方程式は

$$z = z_0 + \lambda t \qquad (t \in \boldsymbol{R})$$

と表される. 相異なる 2 点が与えられれば直線の方向が決まる. したがって α と β を直線上の相異なる複素数とすれば, $\lambda = \beta - \alpha$ が直線の方向を表し, α と β を通る直線は

$$z = \alpha + (\beta - \alpha)t \qquad (t \in \boldsymbol{R}) \tag{3.3}$$

という式で表される. この式は

$$\mathrm{Im}\left(\frac{z - \alpha}{\beta - \alpha}\right) = 0$$

と表すことができる. (3.3) においてパラメーター t を区間 $[0, 1]$ に制限すれば, (3.3) は α と β を結ぶ線分になる.

α と β を結ぶ線分を $m : n$ に内分する点は, 実軸と虚軸上で内分点をとって組み合わせれば

$$\frac{n\alpha + m\beta}{m + n}$$

によって与えられ，特に中点は
$$\frac{\alpha+\beta}{2}$$
である．同様に $m:n$ に外分する点は，この式の m, n の一方を負にすることによって与えられる．

3 点 α, β, γ に対して，β と γ の中点である $\dfrac{\beta+\gamma}{2}$ と α を $1:2$ に内分する点は
$$\frac{1}{3}\left(2\frac{\beta+\gamma}{2}+\alpha\right)=\frac{1}{3}(\alpha+\beta+\gamma)$$
である．この点は三角形 $\alpha\beta\gamma$ の重心である．

平面上の直線は $(a, b) \neq (0, 0) \in \boldsymbol{R}^2$, $c \in \boldsymbol{R}$ によって
$$ax+by=c \tag{3.4}$$
と表すこともできる．$\alpha = a+ib$, $z = x+iy$ として複素数で考えれば
$$\overline{\alpha}z = (ax+by)+i(-bx+ay)$$
であるから，(3.4) は
$$\mathrm{Re}(\overline{\alpha}z) = c$$
と表すこともできる．

円

複素数平面において，中心が α で半径が r の円の方程式は
$$|z-\alpha| = r$$
である．両辺を 2 乗すれば
$$|z|^2 - \overline{\alpha}z - \alpha\overline{z} + |\alpha|^2 - r^2 = 0$$
である．一般に $a, d \in \boldsymbol{R}$, $\beta \in \boldsymbol{C}$ に対して，方程式
$$a|z|^2 + \beta z + \overline{\beta}\overline{z} + d = 0 \tag{3.5}$$
は，$a \neq 0$ のとき，
$$\left|z+\frac{\overline{\beta}}{a}\right|^2 = \frac{|\beta|^2-ad}{a^2}$$
と変形してみよう．すると，

$$|\beta|^2 > ad \qquad (3.6)$$

のとき (3.5) は円を表す. $a = 0$ のときは, (3.6) が満たされれば $\beta \neq 0$ であるから, $\beta = b + ic$, $z = x + iy$ とおけば (3.5) は

$$bx - cy + \frac{d}{2} = 0$$

となって直線の式になる.

> **定理 3.3** $a, d \in \mathbf{R}$ と $\beta \in \mathbf{C}$ が $|\beta|^2 > ad$ を満たすならば, 方程式
> $$a|z|^2 + \beta z + \overline{\beta}\overline{z} + d = 0$$
> は, $a \neq 0$ ならば複素数平面 $\mathbf{C}$ 上の円を, $a = 0$ ならば直線を表し, 逆に $\mathbf{C}$ 上の円または直線はこの方程式で表される.

直線は半径が無限大の円と考えられるから, 定理の条件を満たす方程式は常に円を表すといってもよいことになる.

例 3.1 2 定点からの距離の比が一定になる点の軌跡を求めてみよう. 2 定点を α, β ($\alpha \neq \beta$) とする. $m, n > 0$ として $z \in \mathbf{C}$ が

$$\left|\frac{z-\alpha}{z-\beta}\right| = \frac{m}{n}$$

を満たすとしよう. この式より

$$(m^2 - n^2)|z|^2 + (n^2\overline{\alpha} - m^2\overline{\beta})z + (n^2\alpha - m^2\beta)\overline{z} + m^2|\beta|^2 - n^2|\alpha|^2 = 0 \quad (3.7)$$

が得られる. これは (3.5) の形をしている. そこで (3.6) に対応する式を計算する.

$$|n^2\overline{\alpha} - m^2\overline{\beta}|^2 - (m^2 - n^2)(m^2|\beta|^2 - n^2|\alpha|^2) = m^2n^2|\alpha - \beta|^2 > 0$$

となるから, $m \neq n$ ならば z は円を描く. $m = n$ ならば $|z - \alpha| = |z - \beta|$ であるから, 直線

$$\mathrm{Re}\{\overline{(\alpha - \beta)}z\} = |\alpha|^2 - |\beta|^2$$

となり, α と β を結ぶ線分の垂直 2 等分線である. 円 (3.7) を α と β に対する**アポロニオスの円**という.

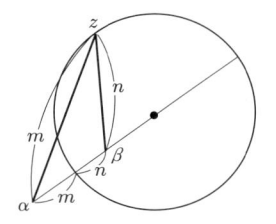

図 3.2　アポロニオスの円

3.4　円と四角形

相異なる 4 点 z_1, z_2, z_3, z_4 に対して比

$$\frac{z_1 - z_3}{z_1 - z_4} : \frac{z_2 - z_3}{z_2 - z_4}$$

を $[z_1, z_2 ; z_3, z_4]$ で表して，この 4 点の**非調和比**という．4 点のうちの一つ, 例えば z_2 が無限大のときは

$$[z_1, \infty ; z_3, z_4] = \lim_{z_2 \to \infty} [z_1, z_2 ; z_3, z_4]$$

によって定義する．あきらかに

$$[z_1, z_2 ; z_3, z_4] = \frac{z_1 - z_3}{z_2 - z_3} : \frac{z_1 - z_4}{z_2 - z_4}$$

と書くこともできる．

この非調和比の現れる例として円に内接する四角形を考えよう．

まず相異なる 3 点 α, β, γ に対して，α と β を結ぶ線分と α と γ を結ぶ線分とのなす角 $\angle\beta\alpha\gamma$ は

$$\angle\beta\alpha\gamma = \arg(\gamma - \alpha) - \arg(\beta - \alpha) = \arg\left(\frac{\gamma - \alpha}{\beta - \alpha}\right) = \arg\{(\gamma - \alpha)\overline{(\beta - \alpha)}\}$$

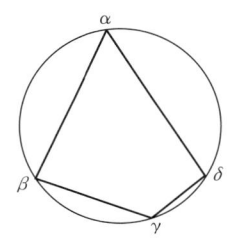

図 3.3　円に内接する四角形

であることを注意しておこう．

$\alpha, \beta, \gamma, \delta, \alpha$ をこの順序で結んでできる四角形を，四角形 $\alpha\beta\gamma\delta$ と書こう．四角形が一つの円に内接する条件は，向かい合った角の和が2直角，すなわち π になることであるから，$\alpha, \beta, \gamma, \delta$ がこの順序で円に内接する条件は

$$\arg\left(\frac{\alpha-\beta}{\gamma-\beta}\right) + \arg\left(\frac{\gamma-\delta}{\alpha-\delta}\right) = \pi$$

となる．したがってこの条件は

$$[\alpha, \gamma\,;\beta, \delta] = -k \quad (k>0)$$

と書くことができる．等式

$$(\gamma-\beta)(\alpha-\delta) - (\alpha-\beta)(\gamma-\delta) = (\gamma-\alpha)(\beta-\delta) \tag{3.8}$$

より

$$1 - [\alpha, \gamma\,;\beta, \delta] = [\alpha, \beta\,;\gamma, \delta]$$

が成り立つ．したがって $\alpha, \beta, \gamma, \delta$ がこの順序で円に内接する条件は

$$[\alpha, \beta\,;\gamma, \delta] > 1$$

と書くこともできる．左辺の偏角を考えれば

$$\arg\left(\frac{\alpha-\gamma}{\beta-\gamma}\right) - \arg\left(\frac{\alpha-\delta}{\beta-\delta}\right) = 0$$

となり，これは

$$\angle\alpha\gamma\beta = \angle\alpha\delta\beta$$

を意味し，幾何学的には「同一弧(あるいは弦)上の円周角は等しい」ということを示している．

等式 (3.8) を

$$(\delta-\alpha)(\gamma-\beta) + (\beta-\alpha)(\delta-\gamma) = (\gamma-\alpha)(\delta-\beta)$$

と変形して絶対値をとれば，三角不等式より

$$|\delta-\alpha||\gamma-\beta| + |\beta-\alpha||\delta-\gamma| \geqq |\gamma-\alpha||\delta-\beta|$$

が成り立つ．四角形が内接するときは

$$k = \frac{(\beta-\alpha)(\delta-\gamma)}{(\delta-\alpha)(\gamma-\beta)}$$

であるから
$$\arg\{(\beta-\alpha)(\delta-\gamma)\} = \arg\{(\delta-\alpha)(\gamma-\beta)\}$$
となる．したがって定理 2.5 のすぐ後の注意 1 によって三角不等式で等号が成立する．この事実はトレミーの定理[5] として知られている．

> **定理 3.4（トレミーの定理）** 平面上の 4 点 A, B, C, D がこの順序で同一円周上にあれば等式
> $$\overline{AD}\cdot\overline{BC}+\overline{AB}\cdot\overline{CD}=\overline{AC}\cdot\overline{BD}$$
> が成立する．

3.5 正多角形

ド・モアブルの定理は
$$(\cos\theta+i\sin\theta)^n = \cos n\theta+i\sin n\theta$$
というものである．したがって $n\theta=2k\pi$ ならば $z=\cos\theta+i\sin\theta$ は
$$z^n = 1 \tag{3.9}$$
を満たす．
$$z = \cos\frac{2k\pi}{n}+i\sin\frac{2k\pi}{n}, \qquad k=0,1,2,\cdots,n-1$$
が (3.9) の n 個の解で 1 の n 乗根である．これらの n 個の複素数は単位円の円周を n 等分する点である．これらの点を $k=0,1,2,\cdots,n-1,0$ と順次線分で結べば，n が 3 以上のとき単位円に内接する正 n 角形が得られる．

正三角形

$n=3$ のときは第 1 章に述べたが，$k=0,1,2$ に対応して
$$1, \quad \frac{-1+i\sqrt{3}}{2}, \quad \frac{-1-i\sqrt{3}}{2} \tag{3.10}$$

---

5) トレミーはプトレマイオスのことで，**プトレマイオスの定理**ともよばれる．

が単位円に内接する正三角形の頂点である．

三つの複素数 α, β, γ が正三角形の頂点になる条件を求めてみよう．
$$\omega = \frac{\beta - \alpha}{\gamma - \alpha}$$
とおけば，$|\omega| = 1$ で $\arg \omega = \dfrac{\pi}{3}$ または $\dfrac{5\pi}{3}$ である．したがって $\omega = \dfrac{1 \pm i\sqrt{3}}{2}$ である．これは $z^6 = 1$ の解，すなわち
$$z^6 - 1 = (z^3 - 1)(z+1)(z^2 - z + 1) = 0$$
の解であるが，$z \neq -1$ で $z^3 = 1$ は満たさない．ゆえに
$$\omega^2 - \omega + 1 = 0$$
という関係式を満たす．これより
$$(\beta - \alpha)^2 - (\beta - \alpha)(\gamma - \alpha) + (\gamma - \alpha)^2 = 0 \tag{3.11}$$
が成り立つ．ゆえに
$$\alpha^2 + \beta^2 + \gamma^2 - \alpha\beta - \beta\gamma - \gamma\alpha = 0 \tag{3.12}$$
となる．

逆に (3.12) が成り立つと仮定する．(3.12) が α, β, γ について対称であるから，もしこのうちの二つが等しくなれば，(3.11) またはそれと同値な式によってもう一つも等しくなる．α, β, γ が相異なるときは，上の推論を逆にたどれば 3 点は正三角形の頂点になる．

正 6 角形

$n = 6$ のとき (3.10) の他に $k = 1, 3, 5$ に対応して
$$\frac{1 + i\sqrt{3}}{2}, \quad -1, \quad \frac{1 - i\sqrt{3}}{2}$$
が頂点になる．

正 5 角形

1 の 5 乗根を
$$\alpha_k = \cos\frac{2k\pi}{5} + i\sin\frac{2k\pi}{5}$$

としよう．これは5乗して初めて1になるので**原始5乗根**といわれる．辺の長さをa，(一種類だけある) 対角線の長さをbとする．5角形の一つの角は

$$\pi - \frac{2\pi}{5} = \frac{3\pi}{5}$$

であるから，三角形の余弦定理によって

$$b^2 = 2a^2 \left(1 - \cos \frac{3\pi}{5}\right) \tag{3.13}$$

である．また内接する一つの等脚台形を考えればトレミーの定理3.4により

$$a^2 + ab = b^2$$

が成り立つ．これをbについて解けば，$b > 0$より

$$b = \frac{1+\sqrt{5}}{2} a$$

となる．この比

$$\frac{b}{a} = \frac{1+\sqrt{5}}{2}$$

は**黄金比**とよばれるもので，値は$1.6180339\cdots$である．(3.13) にこの比を代入すれば

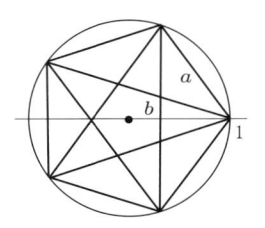

図3.4 正5角形

$$\cos \frac{3\pi}{5} = -\frac{\sqrt{5}-1}{4}$$

である．$\arg \alpha_1 = \frac{2\pi}{5} = \pi - \frac{3\pi}{5}$ であるから

$$\operatorname{Re} \alpha_1 = \operatorname{Re} \alpha_4 = \frac{\sqrt{5}-1}{4}$$

である．したがって

$$\operatorname{Im} \alpha_1 = -\operatorname{Im} \alpha_4 = \sqrt{1-(\operatorname{Re} \alpha_1)^2} = \frac{\sqrt{10+2\sqrt{5}}}{4}$$

となる．また $\angle \alpha_2 = \dfrac{4\pi}{5}$ であるから

$$\operatorname{Re} \alpha_2 = \operatorname{Re} \alpha_3 = \cos \frac{4\pi}{5} = \cos \frac{6\pi}{5} = 2\cos^2 \frac{3\pi}{5} - 1$$
$$= 2\left(-\frac{\sqrt{5}-1}{4}\right)^2 - 1 = -\frac{\sqrt{5}+1}{4}$$

である．これより α_1 と同様に

$$\operatorname{Im} \alpha_2 = -\operatorname{Im} \alpha_3 = \frac{\sqrt{10-2\sqrt{5}}}{4}$$

が得られる．こうして 1 の 5 乗根は次のようになる．

$$1, \quad \frac{\sqrt{5}-1}{4} + i\frac{\sqrt{10+2\sqrt{5}}}{4}, \quad -\frac{\sqrt{5}+1}{4} + i\frac{\sqrt{10-2\sqrt{5}}}{4},$$
$$-\frac{\sqrt{5}+1}{4} - i\frac{\sqrt{10-2\sqrt{5}}}{4}, \quad \frac{\sqrt{5}-1}{4} - i\frac{\sqrt{10+2\sqrt{5}}}{4}.$$

正 n 角形の作図

　正 n 角形の定規とコンパスによる作図問題は，ギリシャ時代以来，人々の関心を集めてきたが，1837 年に 19 歳のガウスが正 17 角形は作図可能であることを示した．n が素数であれば $n = 2^{2^k} + 1$ のときに限り作図可能であることが分かっている．

若きガウスと正 17 角形

演習問題 3

1. 複素平面上の点 z が実軸上の点 $\dfrac{1}{2}$ を中心とし半径が $\dfrac{1}{2}$ の円周を描くとき，対応するリーマン球面上の北極 N ではない点 Z はどのような図形を描くか．

2. 複素平面上の 2 点 z, z' の立体射影による球面上の 2 点の距離を $d(z, z')$ とすれば，
$$d(z, z') = \frac{2|z-z'|}{\sqrt{1+|z|^2}\sqrt{1+|z'|^2}}$$
であることを示せ．

3. a, b, c, d を実数として方程式
$$az^2 + 2bz\bar{z} + c\bar{z}^2 = d$$
が (1) 楕円，(2) 双曲線 を表す条件をそれぞれ求めよ．

4. $a\,(\neq 0), b$ を複素数として，z が複素数平面上で円を描くとき，$w = az + b$ も円を描くことを示せ．

5. 2 点 z_1, z_2 を直径の両端とする円 (から z_1 を除いた部分) の方程式は
$$\mathrm{Re}\,\frac{z_2 - z_1}{z - z_1} = 1$$
であり，またこの円の内部と外部はそれぞれ
$$\mathrm{Re}\,\frac{z_2 - z_1}{z - z_1} > 1, \quad \mathrm{Re}\,\frac{z_2 - z_1}{z - z_1} < 1$$
と表されることを示せ．

第4章 複素関数，複素級数

本章のキーワード
近傍，集積点，開集合，閉集合，コンパクト，収束，連続整級数，絶対収束，一様収束，収束半径，収束円，コーシー – アダマールの定理

複素関数論を展開するために，複素数平面の位相概念を導入する．関数の収束や連続性は2次元実空間と差はない．複素関数論では整級数(べき級数)は決定的に重要である．その収束と発散についてざっと眺めておこう．

4.1 C の位相

複素数平面において，点 z_0 を中心とし半径が $\delta(>0)$ である円(開円板)を $U_\delta(z_0)$ で表すことにする．円の内側であって円周は除外する．集合の記号では

$$U_\delta(z_0) = \{z \in C \,|\, |z-z_0| < \delta\}$$

となる．開円板 $U_\delta(z_0)$ は z_0 の δ **近傍**ともいわれる．複素数平面上の集合 S の点 z_0 は，適当な $\delta > 0$ をとれば $U_\delta(z_0) \subset S$ となるとき，S の**内点**という．z_0 だけではなく，z_0 の十分近くの点もすべて S に含まれる点である．集合 S は S のすべ

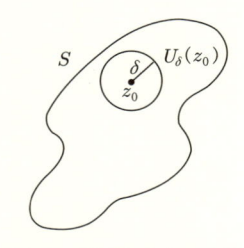

図 4.1 領域と内点の δ 近傍

ての点が S の内点のとき，**開集合**であるという．S の補集合 $S^c = \{z \in \mathbf{C} | z \notin S\}$ が開集合のとき，S を**閉集合**という．

点 $z_0 \in \mathbf{C}$ は任意の $\delta > 0$ に対して $0 < |z - z_0| < \delta$ を満たす S の点 z があるとき，S の**集積点**であるという．z_0 が S の集積点であるということは，z_0 に収束する S の無限点列 $\{z_n\}$ が存在することと同値である．集積点はその集合の点であることも，そうでないこともある．集合 S にその集積点をすべて付け加えた集合を，S の**閉包**といい，$\overline{S}$ と表す．集合 S の補集合 S^c の内点を S の**外点**という．集合 S の内点でも外点でもない点を S の**境界点**といい，境界点の全体を**境界**といって ∂S と表す．

点 $z \notin S$ が S の集積点ならば，z の任意の δ 近傍には S の点も S に入らない点もある (実際，z は S に含まれない) から，z は S の境界点である．逆に，S の境界点は S に含まれなければ S の集積点でなければならないから，集合 S とその境界 ∂S の和集合が S の閉包である：

$$\overline{S} = S \cup \partial D.$$

ある集合の境界はその補集合の境界でもあるから，$\partial S \subset S$ ならば S^c に含まれる点はすべて S の外点である．すなわち補集合 S^c が開集合で，S は閉集合である．逆に S が閉集合ならば補集合には境界点は含まれない．したがって S が閉集合であるための必要十分条件は $\overline{S} = S$ となることである．

集合 S は原点との距離が有界のとき，すなわち適当な $r > 0$ をとれば $S \subset U_r(0)$ となるとき**有界**であるという．有界な閉集合を**コンパクト集合**という．実数列に対するワイエルシュトラスの定理 2.2 より次の定理が得られる．

定理 4.1 コンパクト集合 K に含まれる無限集合は K の点に収束する点列を含む．

証明 K に含まれる無限集合から無限点列 $\{z_n = x_n + iy_n\}$ をとる．すると実数列 $\{x_n\}$ は有界数列であるから，ワイエルシュトラスの定理 2.2 によってある x_0 に収束する部分列 $\{x_{n_k}\}$ がある．すると数列 $\{y_{n_k}\}$ は有界数列であるから，ある y_0 に収束する部分列 $\{y_{n_{k_j}}\}$ を含む．すると $\{z_{n_{k_j}} = x_{n_{k_j}} + iy_{n_{k_j}}\}$ は $z_0 = x_0 + iy_0$ に収束する．K が閉集合であるから極限 z_0 は K に属す．∎

> **定理 4.2** 複素数平面の集合 K がコンパクトであるための必要十分条件は，開集合の族 $\{U_\alpha\}_\alpha$ で K を覆う，すなわち
> $$\bigcup_\alpha U_\alpha \supset K$$
> となるものがあれば，そのうちの適当な $\alpha_1, \cdots, \alpha_n$ をとれば
> $$U_{\alpha_1} \cup \cdots \cup U_{\alpha_n} \supset K$$
> となることである．

証明 K はコンパクトとして定理にいう $\{U_\alpha\}$ の有限個で覆うことができないとする．K は有界であるから，実軸，虚軸に平行な辺をもつ正方形 Q に含まれる．Q を対辺の中点を結んでできる四つの正方形に分ければ，少なくともその中の一つと K との共通部分は有限個の U_α で覆うことができない．その正方形を Q_1 とする．同じように Q_1 を四等分すれば，少なくともその中の一つと K との共通部分は有限個の U_α で覆うことができない．その正方形を Q_2 とする．このようにしていけば正方形の列 $Q \supset Q_1 \supset Q_2 \supset \cdots$ で，Q_n と K との共通部分が有限個の U_α で覆うことができず，辺の長さは Q の辺の長さの $\dfrac{1}{2^n}$ であるものが得られる．本質的にワイエルシュトラスの定理 (定理 2.2) より $\bigcap_{n=1}^{\infty} Q_n = \{z_0\}$ となる．

K が開集合であるから，$z_0 \in K$ である．すると $z_0 \in U_{\alpha_0}$ となる α_0 がある．U_{α_0} が開集合であるから n が十分大きければ $Q_n \subset U_{\alpha_0}$ となる．これは Q_n が一つの U_{α_0} で覆うことができることになり矛盾である．したがって，K は $\{U_\alpha\}$ のうちの有限個で覆えなければならない．

逆に K が開集合族 $\{U\}_\alpha$ で覆われていたらそのうちの有限個で覆えるとする．$\delta > 0$ に対して $\{U_\delta(z) \mid z \in K\}$ は K を覆う．したがって $U_\delta(z_1) \cup \cdots \cup U_\delta(z_n) \supset K$ となる $z_1, \cdots, z_n$ がある．したがって K は有界である．

次に $z_n \in K \,(n = 1, 2, \cdots)$ で $z_n \to z_0 \,(n \to \infty)$ とする．$z_0 \notin K$ とすれば任意の $z \in K$ に対して $|z - z_0| > 0$ である．z の近傍として $U_{\frac{1}{2}|z-z_0|}(z)$ をとれば $\left\{U_{\frac{1}{2}|z-z_0|}(z) \mid z \in K\right\}$ は K を覆う．仮定よりそのうちの有限個 $z^{(1)}, \cdots, z^{(m)} \in K$ によって $U_{\frac{1}{2}|z^{(1)}-z_0|}(z^{(1)}) \cup \cdots \cup U_{\frac{1}{2}|z^{(m)}-z_0|}(z^{(m)}) \supset K$ となる．すると $0 < \delta < \min\left\{\dfrac{1}{2}|z^{(1)} - z_0|, \cdots, \dfrac{1}{2}|z^{(m)} - z_0|\right\}$ となる δ をとれば，$U_\delta(z_0) \cap K = \emptyset$

となり，z_0 が K の数列の極限であることに反する．よって，$z_0 \in K$ でなければならない．よって K は閉集合である． ∎

この定理の必要条件の部分を**ハイネ–ボレルの被覆定理**という．

例題 4.1 $R > 0$ に対して開円板 $U_R(z_0)$ は開集合であることを証明せよ．

解 $\alpha \in U_R(z_0)$ とすれば $|\alpha - z_0| < R$ であるから，$\rho > 0$ を $\rho < R - |\alpha - z_0|$ となるようにとる．そのとき任意の $z \in U_\rho(\alpha)$ は

$$|z - z_0| \leq |z - \alpha| + |\alpha - z_0| < \rho + (R - \rho) = R$$

であるから $z \in U_R(z_0)$ である．したがって $U_\rho(\alpha) \subset U_R(z_0)$ となって，α は $U_R(z_0)$ の内点である．ゆえに $U_R(z_0)$ は開集合である． □

点 z を含む開集合 O を z の**近傍**という．上の例題は δ 近傍も近傍の一つであることを示している．

集合 S の任意の2点が S 内にある連続曲線で結ぶことができるとき，**弧状連結**であるという．弧状連結である開集合を**領域**といい，領域の閉包を**閉領域**という．

4.2 複素関数

複素数平面の集合 D の複素数 z に複素数 w が対応しているとき，実変数のときと同じようにその対応の仕方を

$$w = f(z)$$

のように表し，f を**複素関数**または単に関数であるという．集合 D を f の**定義域**という．定義域としては通常，領域を考える．$z = x + iy$ とし，$w = f(z) = u + iv$, $u = u(x, y)$, $v = v(x, y)$ と実部と虚部で表してみれば，一つの複素関数 $w = f(z)$ は二つの実2変数関数

$$u = u(x, y), \qquad v = v(x, y)$$

の組と同じになる．それぞれのグラフは3次元空間における曲面となるが，$w = f(z)$ のグラフを描こうとすれば，4次元空間が必要となり，関数を理解する補助手段とはならない．

開集合 D で定義された関数 $f(z)$ と D の集積点 α があるとする．$z \in D$ であっ

て, $z \neq \alpha$ かつ $z \to \alpha$ のとき, ある $\lambda \in \mathbf{C}$ に対して $|f(z) - \lambda| \to 0$ となるならば, f は α で**極限値** λ をもつ, あるいは λ に**収束**するといって,

$$\lim_{z \to \alpha} f(z) = \lambda$$

と書く. この定義は実変数関数のときと同じである. 複素数平面上においてどの方向から α に近づいても, 関数が同じ値 λ に近づくのである.

$z \in D$ で $|z| \to \infty$ のとき $|f(z) - \lambda| \to 0$ となるならば, f は無限遠で極限値 λ をもつといって,

$$\lim_{z \to \infty} f(z) = \lambda$$

と書く. また $|f(z)| \to \infty$ のときは同じように

$$\lim_{z \to \alpha} f(z) = \infty, \quad \lim_{z \to \infty} f(z) = \infty$$

が定義される.

定理 4.3 $\alpha = a + ib$ を関数 $f(z) = u(x, y) + iv(x, y)$ の定義域 D の集積点とする. f が α で極限値 $\lambda = l + im$ をもつことは, $(x, y) \to (a, b)$ のとき $u(x, y)$ が l に, かつ $v(x, y)$ が m に収束することと同値である.

したがって次の定理は多変数関数の極限の性質 (例えば参考文献 [6] 定理 1.2) より直ちに導かれる.

定理 4.4 関数 $f(z)$ と $g(z)$ が領域 D で定義されていて, α を D の一つの集積点とする. $\lim_{z \to \alpha} f(z) = \lambda$, $\lim_{z \to \alpha} g(z) = \mu$ ならば,
 (1) $\lim_{z \to \alpha} \{f(z) \pm g(z)\} = \lambda \pm \mu$ (複号同順).
 (2) $\lim_{z \to \alpha} f(z)g(z) = \lambda \mu$.
 (3) $\mu \neq 0$ のとき $\lim_{z \to \alpha} \dfrac{f(z)}{g(z)} = \dfrac{\lambda}{\mu}$.

関数 f の定義域 D の点 α に対して

$$\lim_{z \to \alpha} f(z) = f(\alpha)$$

となるとき，f は $z = \alpha$ で**連続**であるという．集合 $S (\subset D)$ の各点で連続のとき，f は S で連続という．定理 4.4 より次の定理が得られる．

定理 4.5 関数 $f(z), g(z)$ が集合 S で連続ならば $f(z) \pm g(z)$, $f(z)g(z)$ も S で連続である．また $\dfrac{f(z)}{g(z)}$ は $g(z) = 0$ となる z を除いて S で連続である．

4.3 整級数

複素数の列 $\{\alpha_n\}$ から
$$s_1 = \alpha_1, \ s_2 = \alpha_1 + \alpha_2, \ \cdots, \ s_n = \alpha_1 + \cdots + \alpha_n, \ \cdots$$
によって作られた数列 $\{s_n\}$ の極限 $\lim_{n \to \infty} s_n$ を
$$\sum_{n=1}^{\infty} \alpha_n = \alpha_1 + \alpha_2 + \cdots + \alpha_n + \cdots \tag{4.1}$$
と表して**無限級数**という．数列 $\{s_n\}$ が複素数 s に収束するとき，(4.1) は s に**収束する**という．s を無限級数 (4.1) の和といい，
$$\sum_{n=1}^{\infty} \alpha_n = s$$
と書く．収束しない無限級数は**発散**するといわれる．

複素数列に対するコーシーの収束判定条件より，次の無限級数に対する**コーシーの収束判定条件**が成り立つ．

定理 4.6（コーシーの収束条件） 無限級数 $\sum_{n=1}^{\infty} \alpha_n$ が収束するための必要十分条件は
$$\lim_{m < n, \ m, n \to \infty} (\alpha_{m+1} + \alpha_{m+2} + \cdots + \alpha_n) = 0$$
となることである．

$m = n-1$ とすれば次の系が得られる.

> **系 4.1** 無限級数 $\sum_{n=1}^{\infty} \alpha_n$ が収束するためには，$\lim_{n\to\infty} \alpha_n = 0$ でなければならない.

すべての項 a_n が実数で正の数であるとき，級数 $\sum_{n=1}^{\infty} a_n$ を **正項級数** という. 正項級数の収束，発散についての次の定理は有効である.

> **定理 4.7（ダランベールの収束判定法）** 正項級数
> $$\sum_{n=1}^{\infty} a_n \tag{4.2}$$
> に対して
> $$\lim_{n\to\infty} \frac{a_{n+1}}{a_n} = r$$
> が (∞ も含めて) 存在するとき
> (1) $0 \leqq r < 1$ ならば (4.2) は収束する，
> (2) $1 < r \leqq \infty$ ならば (4.2) は発散する.

ダランベール

証明 (1) $0 \leqq r < 1$ と仮定しよう. $r < R < 1$ となる R をとる. ある番号 N を適当にとれば $n \geqq N$ なる n に対して $\frac{a_{n+1}}{a_n} < R$ としてよい. すると $a_{n+1} < a_n R < \cdots < a_N R^{n-N+1}$ であるから

$$\sum_{n=N+1}^{\infty} a_n \leqq a_N R^{-N} \sum_{n=N+1}^{\infty} R^n < \infty$$

となって (4.2) が収束することが分かる．

(2) $1 < r \leqq \infty$ とする．ある番号より大きいすべての n に対して $\dfrac{a_{n+1}}{a_n} > 1$，すなわち $a_n < a_{n+1}$ となって，$a_n \to 0 \ (n \to \infty)$ とはならない．したがって系 4.1 より (4.2) は収束しない． ∎

不等式
$$|\alpha_{m+1} + \cdots + \alpha_n| \leqq |\alpha_{m+1}| + \cdots + |\alpha_n|$$

より，コーシーの判定条件を考えれば，$\sum\limits_{n=1}^{\infty}|\alpha_n|$ が収束すれば $\sum\limits_{n=1}^{\infty}\alpha_n$ も収束する．このように絶対値の級数が収束する無限級数は**絶対収束**するといわれる．絶対収束する級数は多くのよい性質をもつが，次の定理はその一つで重要なものである．

定理 4.8 二つの級数 $\sum\limits_{n=1}^{\infty}\alpha_n = s, \ \sum\limits_{n=1}^{\infty}\beta_n = t$ が絶対収束するとき，
$$\gamma_n = \alpha_1 \beta_n + \alpha_2 \beta_{n-1} + \cdots + \alpha_n \beta_1$$
から作られる級数 $\sum\limits_{n=1}^{\infty}\gamma_n$ は絶対収束し，和は st に等しい．

証明 $\sum\limits_{n=1}^{\infty}|\alpha_n| = \sigma, \ \sum\limits_{n=1}^{\infty}|\beta_n| = \tau$ とおく．すると

$$\sum_{n=1}^{N}|\gamma_n| \leqq \sum_{n=1}^{N}\sum_{k=1}^{n}|\alpha_k||\beta_{n-k+1}|$$

$$= |\alpha_1|\sum_{j=1}^{N}|\beta_j| + |\alpha_2|\sum_{j=1}^{N-1}|\beta_j| + \cdots + |\alpha_N||\beta_1|$$

$$\leqq \left(\sum_{n=1}^{N}|\alpha_n|\right)\left(\sum_{n=1}^{N}|\beta_n|\right) \leqq \sigma\tau.$$

ゆえに $\sum\limits_{n=1}^{\infty}|\gamma_n| \leqq \sigma\tau$．したがって $\sum\limits_{n=1}^{\infty}\gamma_n$ は絶対収束する．

第 N 部分和
$$A_N = \sum_{n=1}^{N} \alpha_n, \quad B_N = \sum_{n=1}^{N} \beta_n, \quad C_N = \sum_{n=1}^{N} \gamma_n$$
に対して

$|A_{2N-1}B_{2N-1} - C_{2N-1}|$
$$= |\alpha_2 \beta_{2N-1} + \alpha_3(\beta_{2N-2} + \beta_{2N-1}) + \cdots + \alpha_N(\beta_{N+1} + \cdots + \beta_{2N-1})$$
$$+ \alpha_{N+1}(\beta_N + \cdots + \beta_{2N-1}) + \cdots + \alpha_{2N-1}(\beta_2 + \cdots + \beta_{2N-1})|$$
$$\leq (|\alpha_2| + \cdots + |\alpha_N|)(|\beta_{N+1}| + \cdots + |\beta_{2N-1}|)$$
$$+ (|\alpha_{N+1}| + \cdots + |\alpha_{2N-1}|)(|\beta_2| + \cdots + |\beta_{2N-1}|)$$
$$\leq \sigma \sum_{n=N+1}^{2N-1} |\beta_n| + \tau \sum_{n=N+1}^{2N-1} |\alpha_n|$$

が成り立つ. $\sum_{n=1}^{\infty} |\alpha_n|$ と $\sum_{n=1}^{\infty} |\beta_n|$ は収束するから, コーシーの収束判定条件により
$$\sum_{n=N+1}^{2N-1} |\alpha_n| \to 0, \quad \sum_{n=N+1}^{2N-1} |\beta_n| \to 0 \quad (N \to \infty)$$
となる. したがって
$$\lim_{N \to \infty} C_{2N-1} = \lim_{N \to \infty} (A_{2N-1}B_{2N-1}) = \lim_{N \to \infty} A_{2N-1} \lim_{N \to \infty} B_{2N-1} = st$$
と奇数項の極限値が st であることが分かる.

また $\sum_{n=1}^{\infty} \gamma_n$ が収束するから, 系 4.1 によって $\gamma_n \to 0$ となる. したがって
$$\lim_{N \to \infty} C_{2N} = \lim_{N \to \infty} (C_{2N-1} + \gamma_{2N}) = st$$
となり, 偶数項も同じ極限値 st に収束する. ゆえに
$$\sum_{n=1}^{\infty} \gamma_n = st$$
が得られ, 定理は証明された. ∎

次に級数の各項が関数の場合を考えよう. おのおのの n に対して $f_n(z)$ は $\mathbf{C}$ の集合 E で定義された (複素数値) 関数であるとする. すべての $z \in E$ に対して無限級数 $\sum_{n=1}^{\infty} f_n(z)$ が収束するとき, この級数は E で**各点収束**するという. そのときの和 $s(z)$ は E で定義された関数である. 収束の速さが点 z によらないとき E

で**一様収束**するという．すなわち $s_n(z) = \sum_{k=1}^{n} f_k(z)$ とおけば

$$\sup_{z \in E} |s(z) - s_n(z)| = \sup_{z \in E} \left| \sum_{k=n+1}^{\infty} f_k(z) \right| \to 0 \qquad (n \to \infty)$$

となることである．$f_n(z)$ がすべて E で連続であっても和 $s(z)$ は一般には連続になるとは限らないが，**一様収束していれば $s(z)$ も E で連続になる**[6]．E に含まれる任意の有界閉集合 K で一様収束するとき，E で**広義一様収束**するという．

集合 E で定義された関数 $f_n(z)$ を項とする級数 $\sum_{n=1}^{\infty} f_n(z)$ に対して，E のすべての z で $|f_n(z)| \leqq a_n$ $(n = 1, 2, \cdots)$ となる a_n を項とする級数 $\sum_{n=1}^{\infty} a_n$ を**優級数**という．コーシーの収束条件を用いれば次の定理が得られる．

定理 4.9（ワイエルシュトラスの優級数定理） 級数 $\sum_{n=1}^{\infty} f_n(z)$ は E におけるその優級数が収束すれば E で一様絶対収束する．

一般に

$$\sum_{n=0}^{\infty} c_n (z - z_0)^n$$

の形の級数を z_0 を中心とした**整級数**または**べき級数**という．整級数の性質は $z_0 = 0$ のときと同じであるから，ここでは特に必要なとき以外は $z_0 = 0$ について述べることにする．

$$\sum_{n=0}^{\infty} c_n z^n = c_0 + c_1 z + c_2 z^2 + \cdots + c_n z^n + \cdots . \tag{4.3}$$

(4.3) は $z = 0$ では明らかに収束する．

例 4.1（幾何級数）

$$1 + z + z^2 + \cdots + z^n + \cdots \tag{4.4}$$

---

[6] 任意の $\varepsilon > 0$ に対して $|z - z_0| < \delta$ ならば $|s(z) - s(z_0)| < \varepsilon/3$ なる $\delta > 0$ と $n \geqq N$ ならば $|s_n(z) - s(z)| < \varepsilon/3$ $(z \in E)$ を満たすような N をとる．そのとき $|z - z_0| < \delta$ ならば $|s(z) - s(z_0)| \leqq |s(z) - s_N(z)| + |s_N(z) - s_N(z_0)| + |s_N(z_0) - s(z_0)| < \varepsilon$ となって連続になる．

を考える．$|z|<1$ のとき
$$1+z+z^2+\cdots+z^{n-1}=\frac{1-z^n}{1-z}$$
であるから
$$\frac{1}{1-z}-(1+z+z^2+\cdots+z^{n-1})=\frac{z^n}{1-z}\to 0 \quad (n\to\infty)$$
となって
$$1+z+z^2+\cdots+z^{n-1}+\cdots=\frac{1}{1-z}$$
であることが分かる．$|z|\geqq 1$ のとき $n\to\infty$ でも $z^n\to 0$ とはならないので，系 4.1 から発散することが分かる． □

いま整級数 (4.3) が $z=z_0\,(\neq 0)$ で収束するとしよう．系 4.1 より $c_n z_0^n\to 0\,(n\to\infty)$ となるから数列 $\{c_n z_0^n\}$ は有界である．すなわち，すべての n に対して $|c_n z_0^n|\leqq M$ を満たす正数 M がある．$|z|<|z_0|$ ならば
$$|c_n z^n|=|c_n z_0^n|\left|\frac{z}{z_0}\right|^n<M\left|\frac{z}{z_0}\right|^n$$
であり，$|z/z_0|<1$ であるから級数 $\sum_{n=0}^{\infty}M|z/z_0|^n$ は収束し，したがって級数 (4.3) は絶対収束する．また $0<\rho<|z_0|$ なる ρ に対して，$|z|\leqq\rho$ なら $\sum_{n=0}^{\infty}M(\rho/|z_0|)^n$ は (4.3) の優級数であるから，ワイエルシュトラスの優級数定理より次の定理が得られる．

定理 4.10 整級数 $\sum_{n=0}^{\infty}c_n z^n$ が $z=z_0$ で収束すれば，$|z|<|z_0|$ を満たすすべての z で絶対収束する．$0<\rho<|z_0|$ なる任意の ρ に対して閉円板 $|z|\leqq\rho$ で一様収束する．

この定理より次の定理も成り立つことが分かる．

定理 4.11 整級数 $\sum_{n=0}^{\infty}c_n z^n$ に対して次の (1) ～ (3) のいずれか一つが成り立つ．

> (1) すべての $z \in \mathbf{C}$ に対して収束する．
> (2) $|z| < \rho$ となるすべての z で絶対収束するが，$|z| > \rho$ ならば収束しないという正数 ρ がただ一つある．
> (3) $z \neq 0$ となるすべての z において発散する．

(2) のとき ρ を級数 (4.3) の**収束半径**という．また開円板 $\{|z| < \rho\}$ を**収束円**という．(1) のとき収束半径は ∞, (3) のとき収束半径は 0 であるということにする．

整級数の係数から収束半径を求めるコーシー–アダマールの公式を説明するために実数列の上極限を定義しよう．実数列 $\{a_n\}$ の集積点の集合の上限を $\{a_n\}$ の**上極限**といって，

$$\varlimsup_{n \to \infty} a_n \quad (\text{または } \limsup_{n \to \infty} a_n)$$

と表す．言い換えれば $a = \varlimsup_{n\to\infty} a_n$ であるということは，a が

(1) $a < a'$ ならば十分大きい n に対して常に $a_n < a'$.
(2) $a'' < a$ ならば $a'' < a_n$ となる n が無数にある．

の 2 条件を満たすことと同値である．上極限は $+\infty$ まで含めれば常に存在する．同様に，$\{a_n\}$ の集積点の集合の下限を $\{a_n\}$ の**下極限**といって，

$$\varliminf_{n \to \infty} a_n \quad (\text{または } \liminf_{n \to \infty} a_n)$$

と表す．収束するということはただ一つの集積点をもつということであるから，実数列 $\{a_n\}$ が収束するための必要十分条件は，上極限と下極限が有限で等しいことである．

整級数 (4.3) が与えられたとき

$$\lambda = \varlimsup_{n \to \infty} \sqrt[n]{|c_n|}$$

とおいてみよう．$0 < \lambda < \infty$ と仮定し，$\rho = \dfrac{1}{\lambda}$ とおく．正の数 δ をとれば常に

$$\frac{1-\delta}{\lambda+\delta} < \frac{1}{\lambda}$$

であって，左辺は δ を小さくすればいくらでも $\dfrac{1}{\lambda}$ に近づけることができる．$0 < |z| < \rho$ のとき δ は

を満たすとしよう．n が十分大きければ常に $\sqrt[n]{|c_n|} < \lambda + \delta$ である．そのとき
$$|c_n z^n| < (\lambda+\delta)^n \left(\frac{1-\delta}{\lambda+\delta}\right)^n = (1-\delta)^n$$
であって，幾何級数 $\sum (1-\delta)^n$ が収束するから $\sum |c_n z^n|$ も収束する．

次に $|z| > \rho$ とする．
$$|z| > \frac{1}{\lambda-\delta} > \frac{1}{\lambda} = \rho$$
となる正の数 δ をとろう．無数の n に対して $\sqrt[n]{|c_n|} > \lambda - \delta$ が成り立つから，その n に対して $|c_n z^n| > 1$ となる．したがって $c_n z^n \to 0$ とはならないから，$\sum_{n=1}^{\infty} c_n z^n$ は発散する．

問 4.1 級数 $\sum c_n z^n$ は，$\lambda = 0$ のときはすべての z に対して収束し，$\lambda = \infty$ のときはすべての z に対して発散することを証明せよ． □

この問とあわせて次の定理が得られた．

定理 4.12（コーシー–アダマールの公式） 整級数 (4.3) の収束半径を ρ とすれば
$$\frac{1}{\rho} = \varlimsup_{n\to\infty} \sqrt[n]{|c_n|}$$
である．ただし，$\dfrac{1}{0} = +\infty$，$\dfrac{1}{+\infty} = 0$ と約束する．

左：アダマール，右：気象学者のローレンツ

いつでもというわけではないが，次の定理を用いて収束半径をもっと簡単に計算できることがある．整級数 $\sum_{n=0}^{\infty} c_n z^n$ にダランベールの収束判定条件を当てはめてみよう．$z \neq 0$ とする．

$$\lim_{n \to \infty} \frac{|c_{n+1}z^{n+1}|}{|c_n z^n|} = |z| \lim_{n \to \infty} \left| \frac{c_{n+1}}{c_n} \right|$$

であるから，$\lim_{n \to \infty} \left| \frac{c_{n+1}}{c_n} \right| = r$ が存在すれば級数 $\sum_{n=0}^{\infty} |c_n z^n|$ は $|z| < \frac{1}{r}$ のとき収束し，$|z| > \frac{1}{r}$ のとき発散する．後者のときは $|z| > x_0 > \frac{1}{r}$ となる x_0 で発散するから z で発散する．こうして次の定理が得られる．

定理 4.13 整級数 $\sum_{n=0}^{\infty} c_n z^n$ に対して

$$\lim_{n \to \infty} \left| \frac{c_n}{c_{n+1}} \right| = \rho \qquad (0 \leqq \rho \leqq \infty)$$

ならば，ρ は収束半径である．

例 4.2 整級数

$$\sum_{n=1}^{\infty} n z^n$$

は $c_n = n$ であるから，

$$\lim_{n \to \infty} \left| \frac{c_n}{c_{n+1}} \right| = \lim_{n \to \infty} \frac{n}{n+1} = 1$$

となり，定理 4.13 によっての収束半径は 1 である． □

演習問題 4

1. 関数 $f(z)$ が $z = z_0$ で連続ならば，$\overline{f(z)}$, $|f(z)|$ も $z = z_0$ で連続であることを示せ．

2. 次の極限値を求めよ．

(1) $\displaystyle \lim_{z \to 0} \frac{|z|^2}{2z + \overline{z}}$ (2) $\displaystyle \lim_{z \to 0} \frac{z}{\overline{z}}$

(3) $\displaystyle\lim_{z\to 1+i}\frac{z^2-iz-1-i}{z^2-2i}$ (4) $\displaystyle\lim_{z\to\infty}\frac{\mathrm{Im}(z)}{|z|^2+1}$

3. 次の z の整級数の収束半径を求めよ．

(1) $\displaystyle\sum_{n=0}^{\infty}(2n+1)z^n$ (2) $\displaystyle\sum_{n=0}^{\infty}\frac{(-1)^n}{2^n}z^n$

(3) $\displaystyle\sum_{n=0}^{\infty}\frac{1}{n!}z^n$ (4) $\displaystyle\sum_{n=0}^{\infty}n!\,z^n$

4. m を定数として

$$\binom{m}{n}=\frac{m(m-1)\cdots(m-n+1)}{n!}$$

を 2 項係数とするとき，整級数

$$\sum_{n=0}^{\infty}\binom{m}{n}z^n$$

の収束半径を求めよ．

5. 複素数 α と自然数 n に対して $(\alpha)_n=\alpha(\alpha+1)(\alpha+2)\cdots(\alpha+n-1)$ とおく．z の整級数

$$F(\alpha,\beta,\gamma;z)=\sum_{n=0}^{\infty}\frac{(\alpha)_n(\beta)_n}{(\gamma)_n}\cdot\frac{z^n}{n!}$$

の収束半径を求めよ．この級数を**ガウスの超幾何級数**という．

6. $\mathbf{C}$ における開集合の全体を $\mathcal{O}$ とするとき，次のことを証明せよ．

(1) $\mathbf{C}\in\mathcal{O}$ であり，空集合についても $\emptyset\in\mathcal{O}$.

(2) $O_\lambda\in\mathcal{O}\ (\lambda\in\Lambda)$ ならば

$$\bigcup_{\lambda\in\Lambda}O_\lambda\in\mathcal{O}.$$

(3) 任意の $n\in\mathbf{N}$ に対して $O_1,\cdots,O_n\in\mathcal{O}$ ならば，

$$O_1\cap\cdots\cap O_n\in\mathcal{O}.$$

第5章　複素微分

本章のキーワード
微分可能，導関数，正則関数，コーシー – リーマンの方程式，整級数展開，解析関数

変数が $z = x + iy$ の関数 $w = f(z)$ は $w = u + iv$, $u = u(x, y)$, $v = v(x, y)$ とすれば 2 実変数 x, y の実数値関数の組 (u, v) である．しかし複素微分を考えると多変数の微分積分学を超えて豊富な内容をもっていることが分かる．1 変数の微分においては右側および左側微分係数が存在して等しければ微分可能であるが，複素微分の場合は複素数平面のあらゆる近づき方をしたときの微分商が存在して，すべて等しくなければ微分可能ではない．実軸方向と虚軸方向の微分商を比較することによってコーシー – リーマンの方程式とよばれる偏微分方程式が導かれる．関数は微分方程式によって支配されているというと言い過ぎかもしれないが，単純な (複素) 微分可能な関数が**正則関数**という重要な範疇を形成し，それを支配しているのがコーシー – リーマンの方程式である．

5.1　微分係数

領域 D で定義された関数 f と $\alpha \in D$ に対して変数 h の複素関数

$$\frac{f(\alpha + h) - f(\alpha)}{h} \tag{5.1}$$

が 0 において極限値をもつとき，f は $z = \alpha$ において**微分可能**であるという．その極限値を

$$f'(\alpha) \quad \text{または} \quad \frac{df(\alpha)}{dz}$$

と表し，α における f の**微分係数**という．D の部分集合 S の各点において微分可能なとき S で，あるいは S 上で微分可能であるという．

これは次のようにいうこともできる．定数 λ を適当に選べば $h = 0$ の近くで
$$f(\alpha + h) = f(\alpha) + \lambda h + \varepsilon(h) \tag{5.2}$$
と表される．ただし $\varepsilon(h)$ は
$$\lim_{h \to 0} \frac{\varepsilon(h)}{h} = 0$$
を満たす h に依存する量である．このとき (5.2) より $\lambda = f'(\alpha)$ でなければならない．あるいは $\varepsilon(h) = \eta(h)h$ とおけば
$$f(\alpha + h) = f(\alpha) + f'(\alpha)h + \eta(h)h, \quad \eta(h) \to 0 \; (h \to 0) \tag{5.3}$$
と表すこともできる．

領域 D で定義された関数 f が D 上で微分可能なとき，z の関数
$$f'(z) = \frac{df(z)}{dz}$$
を f の**導関数**という．(5.2) から分かるように次の定理が成り立つ．

定理 5.1 微分可能な関数は連続である．

$f'(z)$ の導関数である第 2 次導関数 $f''(z)$, $f(z)$ を n 回微分した**第 n 次導関数**
$$f^{(n)}(z) = \frac{d^n f(z)}{dz^n}$$
も実変数関数と同様に定義される．

例 5.1 定数関数 $f(z) = c$ や関数 $f(z) = z$ はすべての点 $z \in \boldsymbol{C}$ で微分可能であり，$c' = 0$, $z' = 1$ となる．

例 5.2 $f(z) = z^n$, n：自然数．
$$\begin{aligned}
\frac{f(z+h) - f(z)}{h} &= \frac{(z+h)^n - z^n}{h} \\
&= (z+h)^{n-1} + (z+h)^{n-2}z + \cdots + z^{n-1} \\
&\to nz^{n-1} \quad (h \to 0).
\end{aligned}$$
よって $f'(z) = nz^{n-1}$. □

これは証明も込めて実変数のときとまったく同じである．商の微分法も同じで

あるから，n が整数であれば
$$f'(z) = nz^{n-1}$$
が成り立つ．

例 5.3 $f(z) = \overline{z}$ に対して $\alpha = 0$ における (5.1) は
$$\frac{\overline{h}}{h}$$
であって，この値は h が実数ならば 1 であり，純虚数ならば -1 であるから，$h \to 0$ のとき極限値がない．したがって $z = 0$ において微分可能ではない． □

次の定理は実変数のときとまったく同じ方法で証明できる．

定理 5.2 領域 D で微分可能な関数 $f(z)$ と $g(z)$ が与えられたとする．そのとき次の性質がある．

(1) 関数 $f(z) \pm g(z)$ も D で微分可能であって
$$\{f(z) \pm g(z)\}' = f'(z) \pm g'(z).$$

(2) 関数 $f(z)g(z)$ も D で微分可能であって
$$\{f(z)g(z)\}' = f'(z)g(z) + f(z)g'(z).$$

(3) もし $g(z)$ が D 上で 0 にならないならば，$\dfrac{f(z)}{g(z)}$ も微分可能で
$$\left\{\frac{f(z)}{g(z)}\right\}' = \frac{f'(z)g(z) - f(z)g'(z)}{g(z)^2}.$$

実変数関数と同じように合成関数の微分係数について次の性質が成り立つ．

定理 5.3 $f(z)$ は $z = \alpha$ で微分可能，$g(w)$ は $w = \beta$ で微分可能かつ $\beta = f(\alpha)$ ならば，合成関数 $h(z) = g(f(z))$ は $z = \alpha$ で微分可能であって
$$h'(\alpha) = g'(\beta)f'(\alpha)$$
が成り立つ．

5.2 コーシー–リーマンの方程式

関数 $w = f(z)$ を $z = x + iy$ に対して x と y の関数と考えて

$$f(z) = F(x, y) = u(x, y) + iv(x, y)$$

とおこう. $f(z)$ が $z = x + iy$ で微分可能とする. すると (5.2) において $h = r + is$, $\lambda = l + im$, $\varepsilon(h) = \varepsilon_1(r, s) + i\varepsilon_2(r, s)$ とおけば

$$u(x+r, y+s) = u(x, y) + lr - ms + \varepsilon_1(r, s), \tag{5.4}$$
$$v(x+r, y+s) = v(x, y) + mr + ls + \varepsilon_2(r, s) \tag{5.5}$$

となる. ここで

$$\lim_{r \to 0, s \to 0} \frac{\varepsilon_j(r, s)}{\sqrt{r^2 + s^2}} = 0 \quad (j = 1, 2)$$

である. これは 2 変数関数 $u(x, y)$, $v(x, y)$ が全微分可能であることを示している. したがって偏微分可能で, その偏微分係数は次のようになる.

$$l = \frac{\partial u}{\partial x}, \quad -m = \frac{\partial u}{\partial y}, \quad m = \frac{\partial v}{\partial x}, \quad l = -\frac{\partial v}{\partial y}.$$

これより

$$\frac{\partial u(x, y)}{\partial x} = \frac{\partial v(x, y)}{\partial y}, \quad \frac{\partial v(x, y)}{\partial x} = -\frac{\partial u(x, y)}{\partial y} \tag{5.6}$$

となる関係式が得られる. これを**コーシー–リーマンの方程式**あるいは**コーシー–リーマンの関係式**という.

(5.6) が成り立てば

$$\frac{\partial F(x, y)}{\partial x} + i\frac{\partial F(x, y)}{\partial y} = 0 \tag{5.7}$$

が成り立つ. 逆に (5.7) の実部と虚部を分離すればコーシー–リーマンの方程式が得られる. さらに

$$\begin{aligned} f'(z) &= \frac{\partial F(x, y)}{\partial x} = \frac{1}{i}\frac{\partial F(x, y)}{\partial y} \\ &= \frac{\partial u(x, y)}{\partial x} + i\frac{\partial v(x, y)}{\partial x} = \frac{\partial v(x, y)}{\partial y} - i\frac{\partial u(x, y)}{\partial y} \end{aligned} \tag{5.8}$$

が成り立つ.

実は $u(x, y)$, $v(x, y)$ が全微分可能でコーシー–リーマンの関係式が成り立てば, $f(z) = u(x, y) + iv(x, y)$ の微分可能性が導かれる. 実際, u, v の全微分可

能性から (5.4), (5.5) が得られ，(5.4) + (5.5) × i とすれば (5.3) が得られるからである．したがって次の定理が成り立つことが分かった．

> **定理 5.4** 関数 $f(z) = u(x, y) + iv(x, y)$ が $z = x + iy$ で微分可能になるための必要十分条件は，$u(x, y)$, $v(x, y)$ が (x, y) で全微分可能で，かつコーシー–リーマンの方程式が成り立つことである．

関数 f は領域 D で微分可能なとき D で**正則**であるという．一般に開集合とは限らない集合 E で正則とは，E を含む適当な開集合で正則であることを意味するものとする．複素数平面全体で正則な関数は**整関数**という．後に見るように，正則な関数 $f(z)$ の導関数 $f'(z)$ も正則になる．したがって何回でも微分可能になる．これは実変数関数との大きな違いである．

独立変数として

$$z = x + iy, \qquad \bar{z} = x - iy$$

をとれば

$$x = \frac{1}{2}(z + \bar{z}), \qquad y = \frac{1}{2i}(z - \bar{z})$$

となるから，$F(x, y) = G(z, \bar{z})$ とおけば，偏微分の連鎖法則 (参考文献 [6] 定理 2.3) によって

$$\frac{\partial G}{\partial z} = \frac{1}{2}\left(\frac{\partial F}{\partial x} - i\frac{\partial F}{\partial y}\right), \tag{5.9}$$

$$\frac{\partial G}{\partial \bar{z}} = \frac{1}{2}\left(\frac{\partial F}{\partial x} + i\frac{\partial F}{\partial y}\right) \tag{5.10}$$

となる．したがってコーシー–リーマンの方程式は

$$\frac{\partial G}{\partial \bar{z}} = 0$$

と同値である．したがって全微分可能な関数 f が領域 D で正則であるということは，z のみの関数で $\bar{z}$ を含まないことである．したがってまた次の定理の前半が得られる．後半は正則関数 $g(z) - f(z)$ を考える．

> **定理 5.5** 領域 D で正則な関数 $f(z)$ が D 上で $f'(z) = 0$ ならば D 上

で定数である．また $f(z)$ と $g(z)$ が D で正則で $f'(z) = g'(z)$ ならば $g(z) = f(z) + \alpha$ となる定数 $\alpha \in \boldsymbol{C}$ がある．

さらに次の定理は定数関数を特徴づけるものである．

定理 5.6 領域 D において次のいずれかの条件を満たす正則関数 $f(z)$ は定数である．
  (1) 実部 $\mathrm{Re}\, f(z)$ が定数．
  (2) 虚部 $\mathrm{Im}\, f(z)$ が定数．
  (3) 絶対値 $|f(z)|$ が定数．

証明 $f(z) = u(x, y) + iv(x, y)\,(z = x + iy)$ とすれば (5.8) とコーシー–リーマンの方程式によって

$$f'(z) = \frac{\partial u}{\partial x} - i\frac{\partial u}{\partial y} = \frac{\partial v}{\partial y} + i\frac{\partial v}{\partial x}$$

であるから，$f(z)$ が (1) または (2) を満たすとき $f'(z) = 0$ となり，定理 5.5 によって $f(z)$ は定数になる．

次に $f(z)$ は (3) を満たすとする．$|f(z)|^2 = u^2 + v^2$ が定数であるから，$u^2 + v^2 = 0$ となる点があれば D 全体で 0 である．したがって u も v も恒等的に 0 となり $f(z)$ が定数 0 となる．したがって $u^2 + v^2 = 0$ となる点がない場合を考える．

定数である $u^2 + v^2$ を x および y で微分する．すると

$$u\frac{\partial u}{\partial x} + v\frac{\partial v}{\partial x} = 0, \quad u\frac{\partial u}{\partial y} + v\frac{\partial v}{\partial y} = 0$$

であるから，ここにコーシー–リーマンの方程式を使い $\dfrac{\partial u}{\partial x}$ と $\dfrac{\partial u}{\partial y}$ の式

$$u\frac{\partial u}{\partial x} - v\frac{\partial u}{\partial y} = 0, \quad v\frac{\partial u}{\partial x} + u\frac{\partial u}{\partial y} = 0$$

に書き直す．(第 1 式) $\times u +$ (第 2 式) $\times v$ と (第 1 式) $\times (-v) +$ (第 2 式) $\times u$ を作ると

$$(u^2 + v^2)\frac{\partial u}{\partial x} = 0, \quad (u^2 + v^2)\frac{\partial u}{\partial y} = 0$$

となる．$u^2 + v^2 \neq 0$ であるから
$$\frac{\partial u}{\partial x} = 0, \quad \frac{\partial u}{\partial y} = 0$$
でなければならない．したがって u は定数である．これは $f(z)$ の実部が定数であるといっている．したがって (1) によって $f(z)$ は D で定数である．■

　多変数の微積分における逆写像の定理は次のように述べられる (例えば参考文献 [6] 定理 4.4)．
　「$\boldsymbol{R}^2$ のある開集合 D から $\boldsymbol{R}^2$ への C^1 級写像
$$\Phi : (x, y) \to (u, v) = (u(x, y), v(x, y))$$
のヤコビアン J_Φ が $(x_0, y_0) \in U$ において $J_\Phi(x_0, y_0) \neq 0$ であれば，Φ は (x_0, y_0) のある近傍 D_1 と $(u_0, v_0) = \Phi(x_0, y_0)$ のある近傍 Δ_1 の間の 1 対 1 対応を与え，Δ_1 で定義された Φ の C^1 級逆写像 Φ^{-1} が存在する」
　ここで Φ のヤコビアンは
$$J_\Phi = \frac{\partial(u, v)}{\partial(x, y)} = \begin{vmatrix} \dfrac{\partial u}{\partial x} & \dfrac{\partial u}{\partial y} \\ \dfrac{\partial v}{\partial x} & \dfrac{\partial v}{\partial y} \end{vmatrix} = \frac{\partial u}{\partial x}\frac{\partial v}{\partial y} - \frac{\partial u}{\partial y}\frac{\partial v}{\partial x}$$
によって定義される．写像 Φ が正則関数 $w = f(z) = u(x, y) + iv(x, y)$ に対応していれば，コーシー–リーマンの方程式を使って
$$J_\Phi = \left|\frac{\partial u}{\partial x}\right|^2 + \left|\frac{\partial u}{\partial y}\right|^2 = |f'(z)|^2$$
となる．$z_0 = x_0 + iy_0$，$w_0 = f(z_0) = u_0 + iv_0$ として，もし $f'(z_0) \neq 0$ ならば，w_0 の近傍 Δ_1 で定義された逆関数 $z = f^{-1}(w)$ が存在し連続である．そのとき，$w \to w_0$ ならば $z \to z_0$ であるから
$$\lim_{w \to w_0} \frac{z - z_0}{w - w_0} = \lim_{z \to z_0} \frac{1}{\dfrac{w - w_0}{z - z_0}} = \frac{1}{f'(w_0)}$$
となる．こうして次の定理が得られた．

定理 5.7　関数 $w = f(z)$ は領域 D において正則で，$z_0 \in D$ において $f'(z_0) \neq 0$ とする．すると f は z_0 のある近傍と $w_0 = f(z_0)$ のある近傍

の間の 1 対 1 の対応を与え,そこにおいて逆関数 $z = f^{-1}(w)$ は正則であり,導関数は

$$\frac{dz}{dw} = \frac{1}{\frac{dw}{dz}}$$

となる.

5.3 整級数の微分可能性

収束円では整級数は連続関数を表すが,実は微分可能すなわち正則になる.もっと詳しくは次の定理が成り立つ.

定理 5.8 整級数

$$\sum_{n=0}^{\infty} c_n z^n \qquad (5.11)$$

の収束半径 ρ が 0 ではないとする.すると収束円 $\{|z - z_0| < \rho\}$ において無限級数の和 $f(z)$ は微分可能で

$$f'(z) = \sum_{n=1}^{\infty} n c_n z^{n-1} \qquad (5.12)$$

となり,その収束半径も ρ である.

証明 式 (5.12) の右辺の級数の収束半径を ρ_1 とする.$|z| < \rho_1$ ならば $\sum_{n=1}^{\infty} |n c_n z^n|$ が収束し,$|c_n z^n| \leqq |n c_n z^n|$ であるから $\sum_{n=1}^{\infty} |c_n z^n| = |z| \sum_{n=1}^{\infty} |n c_n z^{n-1}|$ も収束する.したがって $\rho_1 \leqq \rho$ である.

逆に $|z| < \rho$ とする.$|z| < r < \rho$ となる r をとれば,$\sum_{n=0}^{\infty} c_n r^n$ は収束するから $c_n r^n \to 0 \ (n \to \infty)$ となる.そこですべての n に対して $|c_n| r^n < M$ を満たす M をとる.すると $|n c_n z^n| \leqq nM (|z|/r)^n$ であり,$|z|/r < 1$ であるから例 4.2 より級数 $\sum_{n=1}^{\infty} Mn(|z|/r)^n$ は収束し,$\sum_{n=1}^{\infty} |n c_n z^n| = |z| \sum_{n=1}^{\infty} |n c_n z^{n-1}|$ も収束する.したがって $\rho \leqq \rho_1$ でなければならない.こうして $\rho = \rho_1$ が示された.

次にもう一度 $|z| < r < \rho$ となる r をとれば，$|h| < r - |z|$ となる h に対して
$$\frac{f(z+h) - f(z)}{h} = \sum_{n=0}^{\infty} c_n \frac{(z+h)^n - z^n}{h}$$
であり，この第 n 項は
$$\left| c_n \frac{(z+h)^n - z^n}{h} \right| = |c_n| |(z+h)^{n-1} + (z+h)^{n-2} z + \cdots + z^{n-1}|$$
$$\leq n|c_n| r^{n-1}$$
となる．そこで
$$0 < |h| \leq r - |z| \quad \text{のとき} \quad \varphi_n(h) = c_n \frac{(z+h)^n - z^n}{h},$$
$$h = 0 \quad \text{のとき} \quad \varphi_n(0) = n c_n z^{n-1}$$
とおけば，$\varphi_n(h)$ は $|h| \leq r - |z|$ で連続であって，級数
$$\psi(h) = \sum_{n=1}^{\infty} \varphi_n(h)$$
は一様収束する．したがってその和 $\psi(h)$ は連続である．ゆえに $\psi(h) \to \psi(0) \, (h \to 0)$ が成り立つ．これはすなわち
$$f'(z) = \sum_{n=1}^{\infty} n c_n z^{n-1}$$
であることを示している． ∎

この定理により整級数は収束円の中では何回でも微分可能である．n 回微分して $z = 0$ とおけば
$$f^{(n)}(0) = n!\, c_n$$
となる．したがって
$$c_n = \frac{f^{(n)}(0)}{n!}$$
である．これから次の系が得られる．

系 5.1 正または無限大の収束半径をもつ整級数で定義される二つの関数が $z = 0$ の近くで等しいならば収束円全体で等しい．

ここで「$z = 0$ の近くで」とは「$z = 0$ を含むある開集合で」という意味である．後で述べる一致の定理によればもっと一般のことがいえる．

$z - z_0$ の整級数

$$\sum_{n=0}^{\infty} c_n (z - z_0)^n \tag{5.13}$$

の収束半径を ρ とすれば，その和 $f(z)$ は収束円 $|z - z_0| < \rho$ の中で一つの正則関数を定めるが，逆に関数 $f(z)$ の定義域の点 z_0 に対して適当な $\rho > 0$ をとれば $f(z)$ が $|z - z_0| < \rho$ において整級数 (5.13) と等しくなるとき，$f(z)$ は z_0 において**整級数展開可能**であるという．関数 $f(z)$ は領域 D の各点で整級数に展開できるとき，D で**解析的**である，または D 上の**解析関数**であるという．

例 5.4 $f(z) = \dfrac{1}{1-z}$.

これは $z \neq 1$ で正則であり，$z = 0$ を中心とする収束半径 1 の幾何級数

$$\frac{1}{1-z} = \sum_{n=0}^{\infty} z^n \quad (|z| < 1)$$

として表された．

いま任意に $z_0 \neq 1$ を固定しよう．$|z - z_0| < |1 - z_0|$ なる z に対して

$$\frac{1}{1-z} = \frac{1}{1-z_0} \frac{1}{1 - \dfrac{z - z_0}{1 - z_0}} = \sum_{n=0}^{\infty} \frac{1}{(1-z_0)^{n+1}} (z - z_0)^n$$

となり，z_0 において整級数展開可能である．したがって $f(z)$ は $D: z \neq 1$ において解析的である．

逆に各 $z_0 \neq 1$ に整級数

$$\sum_{n=0}^{\infty} \frac{1}{(1-z_0)^{n+1}} (z - z_0)^n \quad (|z - z_0| < |1 - z_0|)$$

が与えられているとすれば，それを張り合わせた関数，あるいはつなぎ合わせた関数が $1/(1-z)$ であると考えられる． □

解析関数をこのように整級数の集まりであると考えたのがワイエルシュトラスである．その個々の整級数を (全体として表している) 関数の**関数要素**という．

関数 $f(z)$ が領域 D において解析的であるとし，D を含む領域 E 上の解析関数 $g(z)$ が D 上では $f(z)$ に等しいとき，$g(z)$ を $f(z)$ の**解析接続**という．解析接続

は存在すれば一意的であることが第 10 章で述べる一致の定理から分かる．

演習問題 5

1. 次の関数の導関数を求めよ．
 (1) $f(z) = (z^2+1)(z^3+z)$
 (2) $f(z) = (3z^2-1)^5$
 (3) $f(z) = \dfrac{z}{z^2-1}$
 (4) $f(z) = \dfrac{1}{z^2+2z+3}$

2. 関数 $f(z) = z - \dfrac{1}{z}$ に対してコーシー–リーマンの関係式を使って正則性を判定せよ．

3. $\mathrm{Re}\, f(z) = x^2 + x - y^2$ $(z = x + iy)$ となる正則関数 $f(z)$ を求めよ．

4. 関数 $f(z) = |z|^2$ は $z = 0$ で微分可能ではあるが，正則ではないことを示せ．

5. 微分方程式
$$f'(z) = 1 + z + f(z)$$
を満たす 0 を中心とする整級数 $f(z)$ を求めよ．またその収束半径を求めよ．

6. 微分方程式
$$f''(z) + f(z) = 0$$
を満たす 0 を中心とする整級数 $f(z)$ を求めよ．またその収束半径を求めよ．

第6章 初等関数

本章のキーワード
指数関数, 対数関数, 三角関数, オイラーの公式, 双曲線関数, 累乗関数, 主値, リーマン面, 逆三角関数

多項式と指数関数から四則演算, 合成関数, 逆関数を作る操作を有限回行って得られる関数を**初等関数**という. 本章では指数関数とそれから直接得られる三角関数, 双曲線関数とそれらの逆関数を紹介しよう. 指数関数の逆関数である対数関数は一価関数ではなく多価関数となる. また対数関数を用いて定義される累乗関数もまた多価関数になる. 多価関数を一価関数として理解するために, 主枝の方法と, リーマン面の方法を導入する.

6.1 指数関数

微分積分学で学んだテイラー級数展開を復習しよう (参考文献 [5] 第 9 章). 実数の範囲で考えた指数関数と三角関数は次のように展開された.

$$e^x = 1 + \frac{1}{1!}x + \frac{1}{2!}x^2 + \cdots + \frac{1}{n!}x^n + \cdots, \tag{6.1}$$

$$\cos x = 1 - \frac{1}{2!}x^2 + \frac{1}{4!}x^4 - \cdots + (-1)^m \frac{1}{(2m)!}x^{2m} + \cdots, \tag{6.2}$$

$$\sin x = x - \frac{1}{3!}x^3 + \frac{1}{5!}x^5 - \cdots + (-1)^m \frac{1}{(2m+1)!}x^{2m+1} + \cdots. \tag{6.3}$$

(6.1) の右辺の変数を複素数に拡張した無限級数を考え, (6.1) がすべての $x \in \mathbf{R}$ で収束するから, 拡張した級数の収束半径は ∞ である. このことはまた

$$\lim_{n \to \infty} \frac{1/n!}{1/(n+1)!} = \lim_{n \to \infty} (n+1) = \infty$$

となることより定理 4.13 によって分かる.

$z \in \mathbf{C}$ に対してもこの無限級数の和を実変数のときと同じ記号 e^z あるいは $\exp z$

で表して，z の**指数関数**という：
$$e^z = \exp z = 1 + \frac{1}{1!}z + \frac{1}{2!}z^2 + \cdots + \frac{1}{n!}z^n + \cdots. \tag{6.4}$$

e^z の基本的な関係式
$$e^{z_1+z_2} = e^{z_1} e^{z_2} \tag{6.5}$$

は次のようにして示される．**2 項定理**
$$(z_1+z_2)^n = \sum_{k+l=n} \frac{n!}{k!\,l!} z_1^k z_2^l$$

によって定理 4.8 より
$$e^{z_1} e^{z_2} = \sum_{n=0}^{\infty} \frac{z_1^n}{n!} \sum_{n=0}^{\infty} \frac{z_2^n}{n!} = \sum_{n=0}^{\infty} \sum_{k+l=n} \frac{1}{k!\,l!} z_1^k z_2^l$$
$$= \sum_{n=0}^{\infty} \frac{(z_1+z_2)^n}{n!} = e^{z_1+z_2}$$

が得られるのである．

(5.12) より，項別微分すれば
$$(e^z)' = e^z$$

となる．

$z = i\theta$ $(\theta \in \boldsymbol{R})$ のとき (6.4) に代入して実部と虚部に分けて，(6.2), (6.3) を使えば
$$e^{i\theta} = \left(1 - \frac{1}{2!}\theta^2 + \frac{1}{4!}\theta^4 - \cdots + (-1)^m \frac{1}{(2m)!}\theta^{2m} + \cdots\right)$$
$$+ i\left(\theta - \frac{1}{3!}\theta^3 + \frac{1}{5!}\theta^5 - \cdots + (-1)^m \frac{1}{(2m+1)!}\theta^{2m+1} + \cdots\right)$$
$$= \cos\theta + i\sin\theta \tag{6.6}$$

となる．この公式

$$\boxed{e^{i\theta} = \cos\theta + i\sin\theta}$$

を**オイラーの公式**という．$|e^{i\theta}| = 1$ であり，$e^{i\theta} = 1$ となるのは $\theta = 2n\pi$ $(n \in \boldsymbol{Z})$

のとき，$e^{i\theta} = -1$ となるのは $\theta = (2n+1)\pi \ (n \in \mathbf{Z})$ のときである．

オイラー

また $z = x + iy \ (x, y \in \mathbf{R})$ のとき
$$e^z = e^x e^{iy} = e^x(\cos y + i \sin y)$$
となる．
$$|e^z| = e^x, \quad \arg e^z = y \tag{6.7}$$
である．したがって $e^z = 0$ となることはない．また $e^{z+2n\pi i} = e^z$ であるが，逆に $e^z = e^w$ ならば $w = z + 2n\pi i$ となる $n \in \mathbf{Z}$ がある．

(6.5) より，n が自然数ならば
$$(e^z)^n = e^z e^z \cdots e^z = e^{nz}$$
であるから，$z = i\theta$ のときは
$$(\cos\theta + i\sin\theta)^n = \cos n\theta + i\sin n\theta$$
となる．これはド・モアブルの定理 (定理 2.8) である．

6.2 三角関数，双曲線関数

三角関数

複素数 z に対する三角関数の**余弦関数** $\cos z$ および**正弦関数** $\sin z$ も (6.2), (6.3) の右辺の級数の x を z にしたもので定義する．

$$\cos z = 1 - \frac{1}{2!}z^2 + \frac{1}{4!}z^4 - \cdots + (-1)^m \frac{1}{(2m)!}z^{2m} + \cdots, \tag{6.8}$$

$$\sin z = z - \frac{1}{3!}z^3 + \frac{1}{5!}z^5 - \cdots + (-1)^m \frac{1}{(2m+1)!}z^{2m+1} + \cdots. \tag{6.9}$$

どちらも収束半径は無限大で全平面で正則,すなわち整関数である.項別微分することにより

$$(\cos z)' = -\sin z, \quad (\sin z)' = \cos z$$

となる.

また (6.4), (6.8), (6.9) より,実変数のときとまったく同じ計算により同じ式

$$\cos z = \frac{e^{iz} + e^{-iz}}{2}, \quad \sin z = \frac{e^{iz} - e^{-iz}}{2i} \tag{6.10}$$

が成り立つ.これにより $\cos z = 0$ となるのは,$e^{iz} + e^{-iz} = 0$ となるときであるから,$e^{2iz} = -1$ より $z = \frac{\pi}{2} + n\pi$ となる.また,$\sin z = 0$ となるのは,$e^{iz} - e^{-iz} = 0$ のときであるから,$e^{2iz} = 1$ より $z = n\pi$ となる.$\cos(-z) = \cos z$, $\sin(-z) = -\sin z$ となることは定義より明らかである.

正接関数 $\tan z$ も実変数と同じように定義される.

$$\tan z = \frac{\sin z}{\cos z}.$$

問 6.1 (6.5), (6.10) を用いて三角関数の加法定理

$$\cos(z_1 + z_2) = \cos z_1 \cos z_2 - \sin z_1 \sin z_2,$$
$$\sin(z_1 + z_2) = \sin z_1 \cos z_2 + \cos z_1 \sin z_2$$

を証明せよ. □

三角関数の加法定理より $\cos z, \sin z$ は周期 2π の周期関数であること,すなわち

$$\cos(z + 2\pi) = \cos z, \quad \sin(z + 2\pi) = \sin z$$

が得られる.同じ理由により

$$\cos\left(\frac{\pi}{2} - z\right) = \sin z, \quad \sin\left(\frac{\pi}{2} - z\right) = \cos z$$

も実変数のときの関係がそのまま成立する.

また

$$(2\cos z)^2 + (2\sin z)^2 = (e^{iz} + e^{-iz})^2 + (-i)^2(e^{iz} - e^{-iz})^2 = 4$$

であるから，$z \in \boldsymbol{C}$ に対しても

$$\cos^2 z + \sin^2 z = 1$$

が成り立つ．

双曲線関数

指数関数を用いて**双曲線関数**が次のように定義される．

$$\cosh z = \frac{e^z + e^{-z}}{2}, \quad \sinh z = \frac{e^z - e^{-z}}{2}, \quad \tanh z = \frac{\sinh z}{\cosh z}.$$

$\cosh z$ と $\sinh z$ は整関数であり，その整級数表示は (6.4) により

$$\cosh z = 1 + \frac{1}{2!}z^2 + \frac{1}{4!}z^4 + \cdots + \frac{1}{(2m)!}z^{2m} + \cdots, \tag{6.11}$$

$$\sinh z = z + \frac{1}{3!}z^3 + \frac{1}{5!}z^5 + \cdots + \frac{1}{(2m+1)!}z^{2m+1} + \cdots \tag{6.12}$$

となる．(6.8), (6.9) において，z の代わりに iz を代入すれば

$$\cos iz = \cosh z, \quad \sin iz = i \sinh z$$

が成り立つことが分かる．したがって

$$\tan iz = i \tanh z$$

が成り立つ．これより複素変数関数としては双曲線関数は (i 倍を除いては) 三角関数と同じであるから，とくに強調する必要がないことになる．

問 6.2 双曲線関数の周期，値が 0 になる点について説明せよ．
問 6.3 双曲線関数の実部および虚部を求めよ．   □

6.3　対数関数

対数関数

$w = \log z$ は指数関数 $z = e^w$ の逆関数として定義される．$e^w \neq 0$ であるから，対数関数は $z \neq 0$ に対し定義される．$w = u + iv$, $z = e^w$ とすれば $|z| = e^u$, $\arg z = v + 2n\pi$ ($n \in \boldsymbol{Z}$) であるから，任意の $z \in \boldsymbol{C} \setminus \{0\}$ に対して，実

変数の対数関数を用いて $u = \log |z|$, $v = \arg z$ となる $w = u + iv$ をとれば w が決まる：

$$w = \log z = \log |z| + i \arg z.$$

すでに見たように偏角 $\arg z$ が無限多価関数であることより，$\log z$ も無限多価関数となる．例えば $(2n-1)\pi < \arg z < (2n+1)\pi$ に制限すれば w の値を一つだけ確定することができる．

各 $n \in \mathbf{Z}$ に対して偏角の値を

$$(2n-1)\pi < \arg z < (2n+1)\pi$$

に制限したものを $\log z$ の**分枝**という．$n = 0$ の分枝，すなわち $-\pi < \arg z < \pi$ に制限したものを $\log z$ の**主枝**あるいは**主値**といい，$\mathrm{Log}\, z$ と表す．z が実数であれば，実関数としての $\log z$ は $\mathrm{Log}\, z$ のことを表している．主枝として $0 < \arg z < 2\pi$ を，それに伴う分枝を $2n\pi < \arg z < 2(n+1)\pi$ とすることもできる．定義により

$$e^{\log z} = z,$$
$$\log e^z = z + 2n\pi i \quad (n \in \mathbf{Z})$$

である．また無限多価関数として，あるいは分枝をとれば $2\pi i$ の整数倍だけの和を除いて，次の等式が成立する．

$$\log(z_1 z_2) = \log z_1 + \log z_2,$$
$$\log\left(\frac{z_1}{z_2}\right) = \log z_1 - \log z_2.$$

対数関数 $\log z$ は $z \neq 0$ で正則であることを見よう．$(2n-1)\pi < \arg z < (2n+1)\pi$ の分枝 $f(z)$ は $f(z) = \mathrm{Log}\, z + 2n\pi i$ であるから，$w = f(z)$, $w_0 = f(z_0)$ とすれば，$z \to z_0$ のとき $w \to w_0$ である．そのとき

$$\frac{w - w_0}{z - z_0} = \frac{1}{\dfrac{e^w - e^{w_0}}{w - w_0}} \to \frac{1}{e^{w_0}} = \frac{1}{z_0} \quad (z \to z_0) \tag{6.13}$$

となり，$f(z)$ は微分可能である．$\arg z = (2n+1)\pi$ $(n = 0, \pm 1, \pm 2, \cdots)$ のときは $2n\pi < \arg z < 2(n+1)\pi$ の分枝 $f(z)$ を考えれば，$f(z)$ は微分可能で (6.13) と同様の式が成り立つ．こうして $z \neq 0$ ならば

$$(\log z)' = f'(z) = \frac{1}{e^{f(z)}} = \frac{1}{z}$$

が得られる.

> **定理 6.1** 整級数
> $$\sum_{n=1}^{\infty}(-1)^{n-1}\frac{z^n}{n}$$
> は $|z|<1$ で収束して $\log(1+z)$ の主枝 $\mathrm{Log}(1+z)$ に等しい.

証明 定理 4.13 により収束半径は 1 になる.和を $g(z)$ とおいて収束円内において項別微分すれば
$$g'(z)=\sum_{n=0}^{\infty}(-z)^n=\frac{1}{1+z}$$
となる.$f(z)=\mathrm{Log}(1+z)$ とおけば $|z|<1$ のとき $\mathrm{Re}\,(1+z)>0$ であるから,$\mathrm{Log}\,(1+z)$ の定義域に入る.すでに見たように
$$f'(z)=\frac{1}{1+z}$$
であるから $f(z)-g(z)$ は定数である.$z=0$ での値を比較すれば $f(z)=g(z)$ でなければならない.∎

無限多価性を回避する一つの方法は,値域を制限して主枝をとることである.もう一つの方法は,定義域の D を拡張することによって,値が $\log r+i(\theta+2n\pi)$ なる z は n が異なれば異なる点であると考えて一価関数になるようにする,リーマン面の方法である.

各整数 $n\in\mathbf{Z}$ に複素数平面から原点を除いた集合 D を対応させて D_n と表す.すなわち $\mathbf{Z}$ の数だけ D のコピーを用意する.そして,D_n は $(2n-1)\pi<\arg z\leqq(2n+1)\pi$ となる z だけからなると考える.D 上では偏角が 2π だけ増加すれば同じ点を表すのだが,例えば $z\in D_0$ は偏角が 2π だけ増加すれば,点は D_1 上の D の点としては z と同じ点に対応する点に移る.D 上では絶対値 r を一定にして偏角 θ が増えれば半径 r の円を描くが,それを螺旋のように回転しながら負の実軸で次の D_n に乗り移っていくと考える.これはすべての D_n の実軸の負の部分をはさみで切り,D_n の上の切り口と D_{n+1} の下の切り口を貼りあわせることになる.こうして $\bigcup_{n\in\mathbf{Z}}D_n$ を貼りあわせた集合 D を $\log z$ のリーマ

ン面という．D の点 z とその極座標 (r, θ) が 1 対 1 に対応するので，対数関数 $z \in D \mapsto \log z = \log r + i\theta \in C$ は一価関数である．D の各点 z は D の点 z から作ったのであるから，写像 $z \mapsto z$ は上への連続写像である．この写像は**射影**とよばれる．D の点 z の十分小さい近傍はその射影 z の D における近傍と 1 対 1 に対応し同一視される．この同一視によって関数 $\log z$ はこの近傍で正則である．このとき $\log z$ は D で正則であるといわれる．

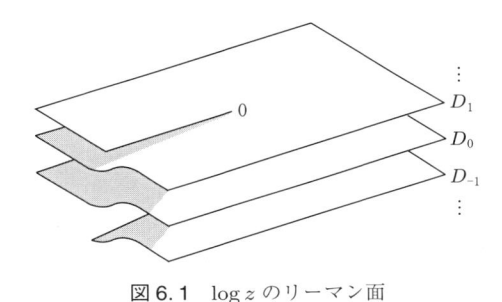

図 6.1 $\log z$ のリーマン面

累乗関数

対数関数を用いて**累乗関数**が定義される．$\alpha \in C$ のとき $z \neq 0$ に対して

$$w = z^\alpha = e^{\alpha \log z} \tag{6.14}$$

と定義される．これは $\log z$ が無限多価関数であることから，一般には無限多価関数であるが，e^z が周期関数であることから，有限多価関数あるいは場合によっては一価関数になることもある．

(a) α が整数のとき，$w = z^\alpha$ は一価関数で，$\alpha > 0$ ならば

$$z^\alpha = zz \cdots z \, (z \,\text{を}\, \alpha \,\text{個掛けたもの}),$$

さらに $\alpha < 0$ ならば $z^{-\alpha}$ を用いて

$$z^\alpha = \frac{1}{z^{-\alpha}}$$

となる．

(b) α が有理数だが整数ではないとき，$\alpha = \pm\dfrac{m}{n}$ (m, n は正整数で $n > 1$, m と n は互いに素) とする．$\log z = \log r + i(\theta + 2k\pi)$ ($k \in \mathbf{Z}$) とすれば

$$e^{i\frac{2mk\pi}{n}}$$

は 1 の n 乗根で, $k = 0, 1, \cdots, n-1$ に対してだけ相異なる値である. したがって
$$z^\alpha = (z^m \text{ の } n \text{ 乗根})^{\pm 1}$$
であって, $w = z^\alpha$ は n 価関数である.

(c) α が実有理数ではないとき, $w = z^\alpha$ は無限多価関数になる.
$$w = e^{\alpha \operatorname{Log} z}$$
を z^α の**主値**という.

$z \neq 0$ のとき z^α は正則で
$$(z^\alpha)' = (e^{\alpha \log z})' = e^{\alpha \log z} (\alpha \log z)' = z^\alpha \frac{\alpha}{z} = \alpha z^{\alpha-1}$$
となる.

n が正整数のとき, 上の (b) によって関数 $w = z^{1/n}$ は n 価関数である. これを一価関数にするには, $\log z$ と同様にリーマン面を考える. (6.14) の定義では $z \neq 0$ でなければならないが, 今の場合 $0^{1/n} = 0$ で $z = 0$ でも定義される. n 価関数であることから複素数平面 C のコピーを n 枚用意する. それを $C_0, C_1, \cdots, C_{n-1}$ としよう. それぞれを正の実軸に 0 から ∞ まではさみで切り, C_0 の上の切り口と C_1 の下の切り口を, C では同じ実軸の点が重なるように貼りあわせる. 同様に C_1 の上の切り口と C_2 の下の切り口, $\cdots\cdots$, C_{n-2} の上の切り口と C_{n-1} の下の切り口を貼りあわせる. そして最後に現実の 3 次元空間では不可能であるが, C_{n-1} の上の切り口と C_0 の下の切り口を貼る. こうしてできた集合 (面) D を考える. ここでは「貼る」という日常用語を使ったので, 最後の貼りあわせができたとしてもすでにできた面と交差してしまうように思われる. 実際は同一視であり, ある種の同値関係による商集合を考えることになる. 偏角が $2n\pi$ の整数倍だけしか違わないものは, n 乗根をとっても同じ点に対応するので, 次のように偏角を割り振る. すべての整数 k に対して $2nk\pi \leqq \theta < 2nk\pi + 2\pi$ のときは C_0 上の点, $2nk\pi + 2\pi \leqq \theta < 2nk\pi + 4\pi$ のときは C_1 上の点とする. 以下同様にして, 最後に $2nk\pi + 2(n-1)\pi \leqq \theta < 2n(k+1)\pi$ のときは C_{n-1} の上にあると考える. すると C 上 0 でない点が正の向きに 0 のまわりを 1 回転すれば, 対応する C_0 上の点は一枚上の C_1 上の点に移る. 2 回転すれば C_2 上, n 回転すればもとの C_0 の点に戻る. 面 D をべき根関数 $w = z^{1/n}$ の**リーマン面**という.

すると, 写像 $z \in D \mapsto w = z^{1/n}$ は一価関数であり, 0 以外で正則である.

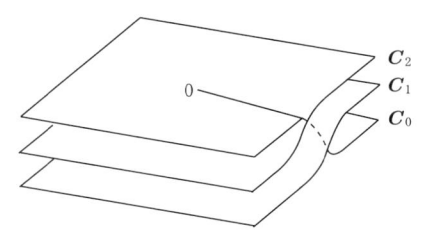

図 6.2　$z^{1/n}$ のリーマン面 $(n=3)$

逆三角関数

　逆三角関数も対数関数を用いて表示される．逆正弦関数
$$w = \sin^{-1} z$$
は $z = \sin w$ によって定義される．$\sin w$ が周期関数であるから $\sin^{-1} z$ は無限多価関数になる．
$$z = \frac{e^{iw} - e^{-iw}}{2i}$$
より得られる
$$e^{2iw} - 2ize^{iw} - 1 = 0$$
を解いて
$$e^{iw} = iz + (1-z^2)^{1/2}$$
となる．したがって
$$w = -i\log(iz + (1-z^2)^{1/2})$$
が得られる．

問 6.4　逆余弦関数 $\cos^{-1} z$ および逆正接関数 $\tan^{-1} z$ の表示
$$\cos^{-1} z = -i\log(z + (z^2-1)^{1/2}),$$
$$\tan^{-1} z = \frac{i}{2}\log\frac{1-iz}{1+iz}$$
を求めよ．　　　　　　　　　　　　　　　　　　　　　　　　　　□

演習問題 6

1. 双曲線関数 $\sinh z$, $\cosh z$, $\tanh z$ の逆関数を求めよ．

2. $\log e$ の値を求めよ．

3. 関数 $f(z) = \sin x \sinh y + i \cos x \cosh y$ $(z = x + iy)$ は正則か．正則ならば導関数 $f'(z)$ を求めよ．

4. (1) $z = x + iy = re^{i\theta}$ とするとき，$f(z) = u(x, y) + iv(x, y)$ に対する $z \neq 0$ におけるコーシー–リーマンの方程式

$$\frac{\partial u}{\partial x} = \frac{\partial v}{\partial y}, \quad \frac{\partial u}{\partial y} = -\frac{\partial v}{\partial x} \tag{6.15}$$

は

$$\frac{\partial u}{\partial r} = \frac{1}{r}\frac{\partial v}{\partial \theta}, \quad \frac{1}{r}\frac{\partial u}{\partial \theta} = -\frac{\partial v}{\partial r} \quad (r \neq 0) \tag{6.16}$$

と同値であることを示せ．

(2) (1) を用いて $f(z) = \mathrm{Log}\, z$ は $z \neq 0$, $-\pi < \arg z < \pi$ において正則であることを示せ．

5. $\sin^{-1} z$ および $\cos^{-1} z$ は $z \neq \pm 1$ で正則で

$$(\sin^{-1} z)' = (1 - z^2)^{-1/2}, \quad (\cos^{-1} z)' = -(1 - z^2)^{-1/2}$$

となることを示せ．

6. $\tan^{-1} z$ は $z \neq \pm i$ で正則で

$$(\tan^{-1} z)' = \frac{1}{1 + z^2}$$

となることを示せ．

第7章　1次分数変換

本章のキーワード
1次分数変換，円円対応，1次分数変換群，等質空間，ケーリー変換

　1次分数変換は分子，分母ともに1次式の有理関数である．これはリーマン球面からリーマン球面への変換(写像)と考えられる．そして円(または直線)を円(または直線)に写し幾何学的にも興味深いものである．その全体は1次分数変換群という群をなし，数学の多くの分野と関連するリー群とよばれるものの重要な一例となっている．

7.1　1次分数変換

　$\alpha, \beta, \gamma, \delta \in \boldsymbol{C}$ に対して
$$w = g(z) = \frac{\alpha z + \beta}{\gamma z + \delta}, \qquad \alpha\delta - \beta\gamma \neq 0 \tag{7.1}$$
の形の関数を **1次分数変換** あるいは **1次分数関数** という．あるいは **1次関数**，**メビウス変換** ということもある．条件 $\alpha\delta - \beta\gamma \neq 0$ は
$$g'(z) = \frac{\alpha\delta - \beta\gamma}{(\gamma z + \delta)^2}$$
から分かるように $g(z)$ が定数にはならない条件である．

　$\alpha = \delta = 1, \beta = \gamma = 0$ として得られる **恒等写像** $z \mapsto z$ も一つの1次分数変換である．これを I で示すことにする：
$$I(z) = \frac{z + 0}{0z + 1}.$$
また (7.1) を z について解いてみれば

$$z = \frac{\delta w - \beta}{-\gamma w + \alpha} = g^{-1}(w) \tag{7.2}$$

となる．これは 1 次分数変換 g の逆変換 g^{-1} も 1 次分数変換であることを示している．また二つの 1 次分数変換 g_1 と g_2 が

$$g_j(z) = \frac{\alpha_j z + \beta_j}{\gamma_j z + \delta_j}, \qquad j = 1, 2 \tag{7.3}$$

で定義されていれば，それらの合成は

$$\begin{aligned} g_1(g_2(z)) &= \frac{\alpha_1 g_2(z) + \beta_1}{\gamma_1 g_2(z) + \delta_1} \\ &= \frac{(\alpha_1 \alpha_2 + \beta_1 \gamma_2)z + (\alpha_1 \beta_2 + \beta_1 \delta_2)}{(\gamma_1 \alpha_2 + \delta_1 \gamma_2)z + (\gamma_1 \beta_2 + \delta_1 \delta_2)} \end{aligned} \tag{7.4}$$

となり，やはり 1 次分数変換である．g_1 と g_2 の合成写像を $g_1 g_2$ で表し：

$$(g_1 g_2)(z) = g_1(g_2(z)).$$

するとすべての z に対して

$$(gg^{-1})(z) = (g^{-1}g)(z) = I(z), \quad (Ig)(z) = (gI)(z) = g(z)$$

が成り立つ．

g_3 も (7.3) において $j = 3$ としたものであるとする．そのとき

$$\begin{aligned} &((g_1 g_2) g_3)(z) = (g_1 g_2)(g_3(z)) \\ &= \frac{(\alpha_1 \alpha_2 + \beta_1 \gamma_2) g_3(z) + (\alpha_1 \beta_2 + \beta_1 \delta_2)}{(\gamma_1 \alpha_2 + \delta_1 \gamma_2) g_3(z) + (\gamma_1 \beta_2 + \delta_1 \delta_2)} \\ &= \frac{(\alpha_1 \alpha_2 + \beta_1 \gamma_2)(\alpha_3 z + \beta_3) + (\alpha_1 \beta_2 + \beta_1 \delta_2)(\gamma_3 z + \delta_3)}{(\gamma_1 \alpha_2 + \delta_1 \gamma_2)(\alpha_3 z + \beta_3) + (\gamma_1 \beta_2 + \delta_1 \delta_2)(\gamma_3 z + \delta_3)} \\ &= \frac{\alpha_1 \{(\alpha_2 \alpha_3 + \beta_2 \gamma_3)z + (\alpha_2 \beta_3 + \beta_2 \delta_3)\} + \beta_1 \{(\gamma_2 \alpha_3 + \delta_2 \gamma_3)z + (\gamma_2 \beta_3 + \delta_2 \delta_3)\}}{\gamma_1 \{(\alpha_2 \alpha_3 + \beta_2 \gamma_3)z + (\alpha_2 \beta_3 + \beta_2 \delta_3)\} + \delta_1 \{(\gamma_2 \alpha_3 + \delta_2 \gamma_3)z + (\gamma_2 \beta_3 + \delta_2 \delta_3)\}} \\ &= \frac{\alpha_1 (g_2 g_3)(z) + \beta_1}{\gamma (g_2 g_3)(z) + \delta_1} = (g_1(g_2 g_3))(z) \end{aligned}$$

となる．

1 次分数変換全体のなす集合を G とする．上で見たことをまとめれば次のようになる．

(1) $g_1, g_2, g_3 \in G$ に対して $(g_1 g_2) g_3 = g_1 (g_2 g_3)$．
(2) $I \in G$ はすべての $g \in G$ に対して $Ig = gI = g$．

(3) 任意の $g \in G$ に対して $g^{-1} \in G$ で $gg^{-1} = g^{-1}g = I$.

一般にこの条件 (1) ～ (3) を満たす演算 (積, 上の場合は写像の合成) がある集合を**群**という. 性質 (1) を結合律, (2) を単位元の存在, (3) を逆元の存在という. 恒等写像が単位元であり, 逆変換が逆元である. 1 次分数変換のなす群を **1 次分数変換群**という. 群 G の部分集合 H は G の演算で群になるとき, G の**部分群**という.

複素数の全体 $\boldsymbol{C}$ は加法に関して群になる. 0 が単位元であり, $-z$ が z の逆元である. 実数の全体 $\boldsymbol{R}$, 整数の全体 $\boldsymbol{Z}$ は $\boldsymbol{C}$ の部分群となる.

一般に K を一つの体とする (p.9 参照) と, K は加法に関して群になり, また K の 0 ではない元の全体 $K^\times$ は乗法に関して群になる.

群 G と群 H が同型であるということを定義しておこう. G から H への写像 φ が, すべての $g_1, g_2 \in G$ に対して

$$\varphi(g_1 g_2) = \varphi(g_1)\varphi(g_2)$$

を満たすとき, G から H への**準同型写像**であるという. 準同型写像が全単射すなわち 1 対 1 かつ上への写像であるとき, それは**同型写像**であるという. G から H への同型写像が存在するとき, G と H は**同型**であるといって $G \cong H$ と表す.

問 7.1 G, G_1, G_2, G_3 を群とする. 次のことを証明せよ.
(1) $G \cong G$.
(2) $G_1 \cong G_2$ ならば $G_2 \cong G_1$.
(3) $G_1 \cong G_2$, $G_2 \cong G_3$ ならば $G_1 \cong G_3$. □

点 z の μ だけの**平行移動**

$$z \mapsto w = z + \mu \tag{7.5}$$

は (7.1) で $\alpha = \delta = 1$, $\beta = \mu$, $\gamma = 0$ とした 1 次分数変換である. 平行移動全体は, 複素数全体の加法群 $\boldsymbol{C}$ と同型な 1 次分数変換群 G の部分群となる.

$\lambda (\neq 0)$ 倍する変換

$$z \mapsto w = \lambda z \tag{7.6}$$

は極形式で $z = re^{i\theta}$, $\lambda = Re^{i\Theta}$ と表せば $w = rRe^{i(\theta + \Theta)}$ であるから, Θ だけの**回転移動** $z \mapsto z_1 = ze^{i\Theta}$ と R 倍する**相似変換** $z_1 \mapsto w = Rz_1$ との合成である.

これは (7.1) で $\alpha = \lambda$, $\beta = \gamma = 0$, $\delta = 1$ とした 1 次分数変換である．$\lambda(\neq 0)$ 倍する変換の全体は 0 ではない複素数の全体の乗法群 $\boldsymbol{C}^\times$ と同型な 1 次分数変換群 G の部分群である．

最後に，$\alpha = \delta = 0$, $\beta = \gamma = 1$ とした 1 次分数変換

$$z \mapsto w = \frac{1}{z} \tag{7.7}$$

は $z = re^{i\theta}$ が $w = \frac{1}{r}e^{-i\theta}$ に変換される．これは円 $|z| = 1$ に関する**反転** $z \mapsto z_1 = \frac{1}{r}e^{i\theta}$ と実軸に関する**対称移動** $z_1 \mapsto \overline{z_1}$ の合成である．

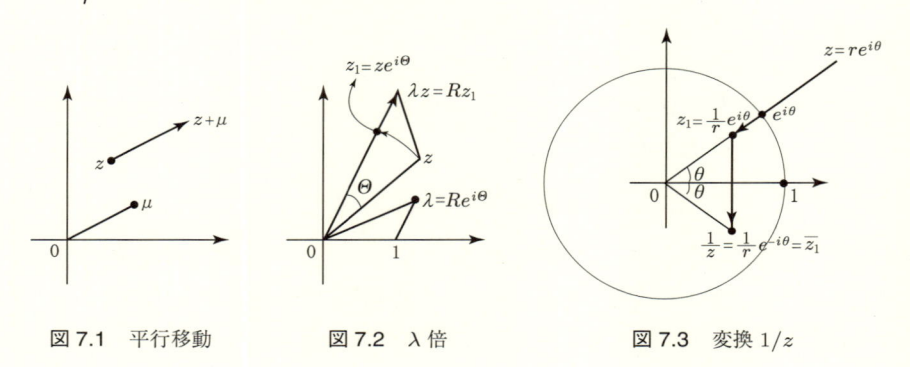

図 7.1　平行移動　　図 7.2　λ 倍　　図 7.3　変換 $1/z$

逆に，任意の 1 次分数変換は (7.5), (7.6), (7.7) の合成によって得られることを見よう．(7.1) において $\gamma = 0$ のときは $\alpha \neq 0$, $\delta \neq 0$ であるから

$$w = \frac{\alpha}{\delta}z + \frac{\beta}{\delta}$$

となって，これは $z \mapsto z_1 = \frac{\alpha}{\delta}z$ と $z_1 \mapsto z_1 + \frac{\beta}{\delta}$ の合成である．次に $\gamma \neq 0$ としよう．

$$w = \frac{\alpha z + \beta}{\gamma z + \delta} = \frac{\alpha}{\gamma} - \frac{\alpha\delta - \beta\gamma}{\gamma}\frac{1}{\gamma z + \delta}$$

と書き直すことによって

$$\begin{aligned}
z &\mapsto z_1 = \gamma z, \\
z_1 &\mapsto z_2 = z_1 + \delta, \\
z_2 &\mapsto z_3 = \frac{1}{z_2},
\end{aligned}$$

$$z_3 \mapsto z_4 = -\frac{\alpha\delta - \beta\gamma}{\gamma} z_3,$$
$$z_4 \mapsto w = z_4 + \frac{\alpha}{\gamma}$$

と分解される．これを定理としてまとめておこう．

> **定理 7.1** 任意の 1 次分数変換 (7.1) は次の三つのタイプの 1 次分数変換の合成として表すことができる．
> $$w = z + \mu, \quad w = \lambda z, \quad w = \frac{1}{z} \quad (\lambda, \mu \in \boldsymbol{C}, \lambda \neq 0).$$

1 次分数変換 (7.1) は $z = -\delta/\gamma$ では定義されていない．これは 1 次分数変換を複素数平面 $\boldsymbol{C}$ から複素数平面 $\boldsymbol{C}$ への写像と考えるからであって，無限遠点 ∞ を付け加えた $\boldsymbol{C} \cup \{\infty\}$ を考えると都合よくいく．$z = -\delta/\gamma$ のときは分子は $\alpha z + \beta = -(\alpha\delta - \beta\gamma)/\gamma$ であるから

$$g\left(-\frac{\delta}{\gamma}\right) = \infty \tag{7.8}$$

である．拡張した写像も同じ g で表せば

$$g(\infty) = \lim_{z \to \infty} \frac{\alpha z + \beta}{\gamma z + \delta} = \frac{\alpha}{\gamma}$$

である．$\boldsymbol{C} \cup \{\infty\}$ はリーマン球面と同じであったから，1 次分数変換はリーマン球面からリーマン球面への写像と考えることもできる．

1 次分数変換 (7.1) は行列

$$\begin{pmatrix} \alpha & \beta \\ \gamma & \delta \end{pmatrix}$$

に対応しているが，逆変換 (7.2) は逆行列

$$\frac{1}{\alpha\delta - \beta\gamma} \begin{pmatrix} \delta & -\beta \\ -\gamma & \alpha \end{pmatrix}$$

に対応し，恒等写像 I は単位行列

$$\begin{pmatrix} 1 & 0 \\ 0 & 1 \end{pmatrix}$$

に対応している．また合成変換 (7.4) は行列の積

$$\begin{pmatrix} \alpha_1 & \beta_1 \\ \gamma_1 & \delta_1 \end{pmatrix} \begin{pmatrix} \alpha_2 & \beta_2 \\ \gamma_2 & \delta_2 \end{pmatrix} = \begin{pmatrix} \alpha_1\alpha_2 + \beta_1\gamma_2 & \alpha_1\beta_2 + \beta_1\delta_2 \\ \gamma_1\alpha_2 + \delta_1\gamma_2 & \gamma_1\beta_2 + \delta_1\delta_2 \end{pmatrix}$$

に対応している．

複素係数 2 行 2 列の行列で行列式が 0 ではないものの全体を $GL(2, \boldsymbol{C})$ と表す．

$$GL(2, \boldsymbol{C}) = \left\{ g = \begin{pmatrix} \alpha & \beta \\ \gamma & \delta \end{pmatrix} \middle| \alpha\delta - \beta\gamma \neq 0 \right\}.$$

$GL(2, \boldsymbol{C})$ は行列の積に関して群になる．$GL(2, \boldsymbol{C})$ を 2 次の**複素一般線形群**という．上のことを群の言葉でいえば次のようになる．1 次分数変換群を G とし，$GL(2, \boldsymbol{C})$ から G への写像 φ を

$$\varphi\left(\begin{pmatrix} \alpha & \beta \\ \gamma & \delta \end{pmatrix}\right)(z) = \frac{\alpha z + \beta}{\gamma z + \delta} \qquad (z \in \boldsymbol{C})$$

によって定義すれば，φ は $GL(2, \boldsymbol{C})$ から G への準同型写像となる．

φ が全射すなわち上への写像であることは直ちに分かるが，単射すなわち 1 対 1 ではない．$k\,(\in \boldsymbol{C})$ 倍した kg と g には同じ 1 次分数変換が対応する．したがって対応する行列の行列式は 1 と仮定してもよいことになる．$GL(2, \boldsymbol{C})$ の部分集合

$$SL(2, \boldsymbol{C}) = \left\{ g = \begin{pmatrix} \alpha & \beta \\ \gamma & \delta \end{pmatrix} \middle| \alpha\delta - \beta\gamma = 1 \right\}$$

は $GL(2, \boldsymbol{C})$ の部分群である．$SL(2, \boldsymbol{C})$ を 2 次の**複素特殊線形群**という．準同型写像 φ を $SL(2, \boldsymbol{C})$ に制限して同じ記号で表すことにしよう．すると

$$\varphi(g) = \varphi(h)\ (g, h \in SL(2, \boldsymbol{C})) \iff h = \pm g \tag{7.9}$$

となる．1 次分数変換群 G は $SL(2, \boldsymbol{C})$ の g と $-g$ を同一視した群 $PSL(2, \boldsymbol{C})$ と同型になる．$PSL(2, \boldsymbol{C})$ を 2 次の**射影特殊線形変換群**という．

7.2 円円対応

円あるいは直線 (広い意味の円) の方程式は

$$a|z|^2 + bz + \bar{b}\bar{z} + d = 0 \qquad (a, d \in \boldsymbol{R},\ b \in \boldsymbol{C},\ |b|^2 > ad) \tag{7.10}$$

であった．これを1次分数変換 (7.1) で変換して w の方程式で表してみよう．(7.1) を z について解けば $z = (\delta w - \beta)/(-\gamma w + \alpha)$ である．これを (7.10) に代入して整理すれば

$$A|w|^2 + Bw + \overline{B}\overline{w} + D = 0 \tag{7.11}$$

となる．ここで，

$$\begin{aligned}
A &= (a|\delta|^2 + d|\gamma|^2) - (b\overline{\gamma}\delta + \overline{b}\gamma\overline{\delta}), \\
D &= (a|\beta|^2 + d|\alpha|^2) - (b\overline{\alpha}\beta + \overline{b}\alpha\overline{\beta}), \\
B &= (b\overline{\alpha}\delta + \overline{b}\overline{\beta}\gamma) - (a\overline{\beta}\delta + d\overline{\alpha}\gamma)
\end{aligned}$$

である．

$$|B|^2 - AD = |\alpha\delta - \beta\gamma|^2(|b|^2 - ad) > 0$$

であるから，(7.11) は (広い意味の) 円である．

定理 7.2（円円対応） 1次分数変換によって複素数平面上の (広い意味の) 円は (広い意味の) 円に写される．

このことは以下の議論からも分かる．相異なる4点 z_1, z_2, z_3, z_4 に対する非調和比は

$$[z_1, z_2\,;\,z_3, z_4] = \frac{z_1 - z_3}{z_1 - z_4} : \frac{z_2 - z_3}{z_2 - z_4}$$

によって定義された (第3章)．非調和比は1次分数変換に関して不変である．すなわち次の定理が成り立つ．

定理 7.3 1次分数変換 $g(z) = \dfrac{\alpha z + \beta}{\gamma z + \delta}$ として $w_j = g(z_j)$ ($j = 1, 2, 3, 4$) とおく．すると

$$[w_1, w_2\,;\,w_3, w_4] = [z_1, z_2\,;\,z_3, z_4]$$

が成り立つ．

証明 どの w_j も ∞ ではないときは，

$$(w_j - w_k) = \frac{(\alpha z_j + \beta)(\gamma z_k + \delta) - (\gamma z_j + \delta)(\alpha z_k + \beta)}{(\gamma z_j + \delta)(\gamma z_k + \delta)}$$
$$= \frac{(\alpha\delta - \beta\gamma)(z_j - z_k)}{(\gamma z_j + \delta)(\gamma z_k + \delta)} \tag{7.12}$$

より

$$\frac{w_1 - w_3}{w_1 - w_4} \frac{w_2 - w_4}{w_2 - w_4} = \frac{z_1 - z_3}{z_1 - z_4} \frac{z_2 - z_4}{z_2 - z_3}$$

となって定理の等式が成立する.

次にどれかの w_j が ∞ のときを見よう. 他も同様であるから $w_1 = \infty$ としよう. そのとき $z_1 = -\delta/\gamma$ で (7.12) より

$$[w_1, w_2 ; w_3, w_4] = \frac{w_2 - w_4}{w_2 - w_3} = \frac{(\gamma z_3 + \delta)(z_2 - z_4)}{(\gamma z_4 + \delta)(z_2 - z_3)}$$
$$= \frac{-\delta/\gamma - z_3}{-\delta/\gamma - z_4} \frac{z_2 - z_4}{z_2 - z_3} = [z_1, z_2; z_3, z_4]$$

となって成り立つ. ∎

複素数平面上の z_j と z_k を結ぶ線分を考えれば, $\arg(z_3 - z_1) - \arg(z_4 - z_1)$ は $\angle z_4 z_1 z_3$ を表すので, 偏角の性質より

$\arg[z_1, z_2 ; z_3, z_4]$
$= \{\arg(z_3 - z_1) - \arg(z_4 - z_1)\} - \{\arg(z_3 - z_2) - \arg(z_4 - z_2)\}$
$= \angle z_4 z_1 z_3 - \angle z_4 z_2 z_3$

となる. したがって, $[z_1, z_2 ; z_3, z_4] > 0$ ならば $\angle z_4 z_1 z_3 = \angle z_4 z_2 z_3$ であり, $[z_1, z_2 ; z_3, z_4] < 0$ ならば $\angle z_4 z_1 z_3 = \angle z_4 z_2 z_3 - \pi$ である. これより

$$\angle z_4 z_1 z_3 + (2\pi - \angle z_4 z_2 z_3) = \pi$$

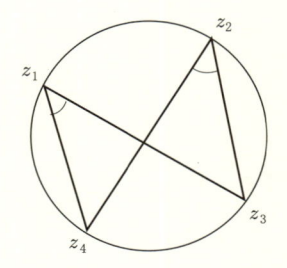

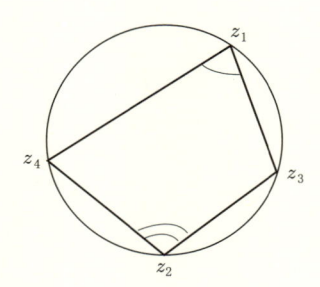

図 7.1 実数値の比調和比

を得る.「同一辺上の円周角が等しい」あるいは「向かい合う角の和が π」ならば 4 点は同一円周上にあるという初等幾何の定理によって, 考えている 4 点は (広い意味の) 同一円周上にある (3.4 も参照されたい).

したがって次の定理が証明された.

> **定理 7.4** 相異なる 4 点 z_1, z_2, z_3, z_4 が (広い意味の) 同一円周上にあるための必要十分条件は, 非調和比 $[z_1, z_2 ; z_3, z_4]$ が実数になることである.

定理 7.3 と定理 7.4 より 1 次分数変換が円円対応であることが分かる.

2 点 z, z' が中心を α, 半径を r とする円 C に関して**鏡像の位置**にあるとは, z と z' が C の中心を端点とする半径とその延長線上である同じ半直線上にあり,

$$|z - \alpha||z' - \alpha| = r^2 \tag{7.13}$$

が成り立つことであると定義される. 中心 α の鏡像は ∞ と定める. C 上の点は自分自身が鏡映の位置にある. 幾何学の定理によって, (7.13) が成り立つための必要十分条件は, 2 点 z, z' を通る円が C と直交 (すなわち交点における接線が直交) することである. そのため, 広義の円である直線に関して鏡映の位置にあるとは, その直線に関して対称な点のことであるとする. $z' - \alpha$ は $z - \alpha$ の正定数倍であるから, C に関して鏡映の位置にある 2 点は

$$(z - \alpha)(\overline{z'} - \overline{\alpha}) = r^2 \tag{7.14}$$

によって表される.

点 z と z' が円 C に関して鏡像の位置にあるとする. 1 次分数変換 g による z, z' の像を w, w' とし, C の像を Γ とする. 第 11 章で見るように, 1 次分数変換は等角写像で角度を変えない. したがって直交する円の像が直交する円となり, w, w' は円 Γ に関して鏡像に位置にある. これを定理としてまとめたのが次の**鏡像の原理**である.

> **定理 7.5** 1 次分数変換により円 C が円 Γ に写るとき, C に関して鏡像の位置にある 2 点は Γ に関して鏡像の位置にある 2 点に写る.

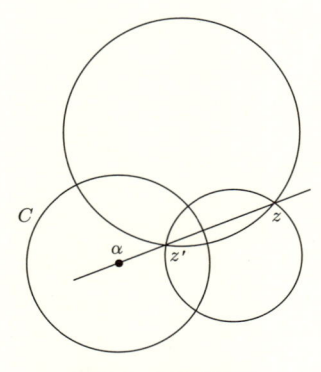

図 7.2　鏡像の位置

7.3　1 次分数変換群

リーマン球面 $C \cup \{\infty\}$ を $\boldsymbol{P}^1(\boldsymbol{C})$ で表し，G を 1 次分数変換群とする．1 次分数変換

$$w = g(z) = \frac{\alpha z + \beta}{\gamma z + \delta} \quad (\alpha\delta - \beta\gamma \neq 0) \tag{7.15}$$

はすでに見たように $\boldsymbol{P}^1(\boldsymbol{C})$ からリーマン球面 $\boldsymbol{P}^1(\boldsymbol{C})$ への変換と考えられる．

$w \neq 1$ のとき

$$g_w(z) = \frac{z + w}{z + 1} \tag{7.16}$$

とおけば $g_w \in G$ であって $g_w(0) = w$ である．また

$$g_1(z) = \frac{2z + 1}{z + 1}$$

とおけば $g_1 \in G$ で $g_1(0) = 1$ である．また

$$g_\infty(z) = \frac{z - 1}{z}$$

とおけば $g_\infty \in G$ で $g_\infty(0) = \infty$ である．したがってリーマン球面の任意の点 w は 1 次分数変換 g_w による 0 の像である．したがって任意の 2 点 z_1, z_2 に対して $g = g_{z_2} g_{z_1}^{-1}$ とおけば $g(z_1) = z_2$ である．すなわち，任意の 2 点 z_1, z_2 をとれば z_1 を z_2 に写す 1 次分数変換が存在する．この性質を G はリーマン球面 $\boldsymbol{P}^1(\boldsymbol{C})$ に**推移的**に作用するという．

一般に群 G と集合 X があって各 $g \in G$ と $x \in X$ に対して X の元 $g \cdot x$ が決まり，すべての $x \in X$ について

(1) $g, h \in G$ に対して $(gh) \cdot x = g \cdot (h \cdot x)$,
(2) G の単位元 e に対して $e \cdot x = x$

が成り立つとき，G は X に**作用する**という．また G を X の**変換群**という．任意の 2 点 $x, y \in X$ に対して $y = g \cdot x$ となる $g \in G$ があるとき，G は X に**推移的**に作用するという．

いま群 G が X に推移的に作用しているものとする．そのとき任意に一つの点 $o \in X$ を固定すれば，X の点 x は $x = g \cdot o$ と表すことができるから

$$X = G \cdot o = \{g \cdot o \mid g \in G\}$$

という関係にある．しかし一般には $X = G$ とは限らない．$g \cdot o = h \cdot o$ でも $g = h$ とはならないからである．このとき $h^{-1} g \cdot o = o$ となり，変換 $h^{-1} g$ は点 o を動かさない．点 o を動かさない変換の全体を G_o とおけば，G_o はまた一つの群であることが分かる．これを o の**固定部分群**という．したがって o を x に移す変換は G_o だけ自由度がある．$g \cdot o = h \cdot o$ であることと $h^{-1} g \in G_o$ とは同じである．したがって x は $x = g \cdot o$ となる g を任意にとれば集合 $gG_o = \{gh \mid h \in G_o\}$ と同一視できる．このような G の部分集合全体からなる集合を G の**等質空間**または**商空間**といって G/G_o と表す．

群 $SL(2, \boldsymbol{C})$ における $0 \in \boldsymbol{P}^1(\boldsymbol{C})$ の固定部分群は容易に分かるように

$$B = \left\{ \begin{pmatrix} \alpha & 0 \\ \gamma & \delta \end{pmatrix} \in G \right\}$$

である．したがって等質空間として

$$\boldsymbol{P}^1(\boldsymbol{C}) = G/B$$

となる．

リーマン球面を $\boldsymbol{P}^1(\boldsymbol{C})$ で表したが，もともとこの記号の意味は 1 次元複素射影空間である．1 次元複素射影空間は複素 2 次元空間 $\boldsymbol{C}^2$ の原点を通る複素直線の全体，すなわちある $k \in \boldsymbol{C}$ に対して $z_1 = k z_2$ を満たす $(z_1, z_2) \in \boldsymbol{C}^2$ の全体または $(z_1, 0)$ の全体である．これは係数 $k = z_1/z_2$ (または $z_2 = 0$) で決まる．そこで $\boldsymbol{C}^2 \setminus \{(0, 0)\}$ において (z_1, z_2) と (w_1, w_2) は，ある複素数 $k \neq 0$ があって

$$(w_1, w_2) = k(z_1, z_2)$$

となるとき同じだと見なした集合が $\boldsymbol{P}^1(\boldsymbol{C})$ である．$(z_1, z_2) \in \boldsymbol{P}^1(\boldsymbol{C})$ に対して

$z_2 \neq 0$ ならば z_1/z_2 を，$z_2 = 0$ ならば ($z_1 \neq 0$ であるから) ∞ を対応させれば $\boldsymbol{P}^1(\boldsymbol{C})$ はリーマン球面と同一視される．

2次行列 $g = \begin{pmatrix} \alpha & \beta \\ \gamma & \delta \end{pmatrix} \in SL(2, \boldsymbol{C})$ は自然に $\boldsymbol{C}^2$ に作用する：

$$\begin{pmatrix} z_1 \\ z_2 \end{pmatrix} \mapsto \begin{pmatrix} w_1 \\ w_2 \end{pmatrix} = \begin{pmatrix} \alpha & \beta \\ \gamma & \delta \end{pmatrix} \begin{pmatrix} z_1 \\ z_2 \end{pmatrix} = \begin{pmatrix} \alpha z_1 + \beta z_2 \\ \gamma z_1 + \delta z_2 \end{pmatrix}.$$

この作用を $z = z_1/z_2$, $w = w_1/w_2$ として $\boldsymbol{P}^1(\boldsymbol{C})$ に写せば

$$z \mapsto w = \frac{\alpha z_1 + \beta z_2}{\gamma z_1 + \delta z_2} = \frac{\alpha z + \beta}{\gamma z + \delta}$$

となって1次分数変換が自然に現れる．

$\delta \neq 0$ のとき行列 g は次のように分解できる．

$$\begin{pmatrix} \alpha & \beta \\ \gamma & \delta \end{pmatrix} = \begin{pmatrix} 1 & \beta/\delta \\ 0 & 1 \end{pmatrix} \begin{pmatrix} \delta^{-1} & 0 \\ \gamma & \delta \end{pmatrix}.$$

最後の行列は部分群 B の元である．したがって $g = \begin{pmatrix} \alpha & \beta \\ \gamma & \delta \end{pmatrix}$ の第2列のベクトル (β, δ) が1次元射影空間 $\boldsymbol{P}^1(\boldsymbol{C})$ の元と考えられる．そして集合 $\delta \neq 0$ ならば gB は複素数 β/δ を，$\delta = 0$ ならば ∞ を表す．そこで，この分解を用いれば $\gamma z + \delta \neq 0$ のとき

$$g \begin{pmatrix} 1 & z \\ 0 & 1 \end{pmatrix} = \begin{pmatrix} \alpha & \alpha z + \beta \\ \gamma & \gamma z + \delta \end{pmatrix} = \begin{pmatrix} 1 & \dfrac{\alpha z + \beta}{\gamma z + \delta} \\ 0 & 1 \end{pmatrix} \begin{pmatrix} \dfrac{1}{\gamma z + \delta} & 0 \\ \gamma & \gamma z + \delta \end{pmatrix}$$

となる．すなわち1次分数変換 $z \mapsto g(z)$ は

$$\begin{pmatrix} 1 & z \\ 0 & 1 \end{pmatrix} B \mapsto g \begin{pmatrix} 1 & z \\ 0 & 1 \end{pmatrix} B = \begin{pmatrix} 1 & g(z) \\ 0 & 1 \end{pmatrix} B$$

と等質空間 $SL(2, \boldsymbol{C})/B$ において g を (左から) 掛けるという自然な作用であることが分かる．

■■■ 演習問題 7 ■■■

1. 変換 $w = \dfrac{1}{z}$ によって z 平面の直線 $\mathrm{Re}\, z = a$ および $\mathrm{Im}\, z = b$ は w 平面のどんな円に写されるか．

2. 次の 1 次分数変換 $g(z)$ に対し, $g(z) = z$ となる点 z を求めよ. この z を g の**不動点**という.

  (1) $g(z) = \dfrac{z-1}{z+1}$

  (2) $g(z) = \dfrac{(1-2i)z + 4}{z + 1 + 2i}$

3. 円 $a|z|^2 + \beta z + \overline{\beta} \overline{z} + d = 0$ ($|\beta|^2 - ad > 0$) に関して z と z' が鏡像の位置にあるための必要十分条件は

$$az\overline{z'} + \beta z + \overline{\beta}\overline{z'} + d = 0$$

を満たすことであることを証明せよ.

4. $G = SL(2, \boldsymbol{R})$ を $SL(2, \boldsymbol{C})$ の元で成分がすべて実数からなるもの全体とする. $SL(2, \boldsymbol{R})$ の元に対応する 1 次分数変換は**上半平面** $\mathcal{H} = \{\operatorname{Im} z > 0\}$ を $\mathcal{H}$ に写すことを証明せよ.

 $SL(2, \boldsymbol{R})$ は $SL(2, \boldsymbol{C})$ の部分群で 2 次の**実特殊線形群**といわれる.

5.
$$SU(1,1) = \{g = \begin{pmatrix} \alpha & \beta \\ \overline{\beta} & \overline{\alpha} \end{pmatrix} \in SL(2, \boldsymbol{C})\}$$

とすれば, $SU(1,1)$ は $SL(2, \boldsymbol{C})$ の部分群で, 単位円板 $D = \{|z| < 1\}$ を D に写すことを証明せよ.

第8章 複素積分

本章のキーワード
曲線,ジョルダン曲線,ジョルダンの曲線定理,線積分,原始関数,不定積分,縦線集合,グリーンの公式

複素積分とは複素数平面上の線積分である.本章では複素数平面における線積分の定義と,重積分を線積分に書き直すグリーンの定理を述べ,次の本論であるコーシーの定理の準備とする.実関数のときは微分の逆として積分を考えることができる (微分積分学の基本定理).複素数平面においては積分は始点と終点だけではなく,積分路に依存する.それが正則関数に対しては積分路のとり方によらないということが,コーシーの定理より分かる.

8.1 線積分

実数の閉区間 $I = [a, b]$ 上で定義された複素数値連続関数 $z(t)$ があるとき,写像 $C : t \in I \to z(t) \in \boldsymbol{C}$ を**始点** $z(a)$ と**終点** $z(b)$ を結ぶ $\boldsymbol{C}$ 上の**曲線**といって,$C : z = z(t), t \in I$ などと書く.特に混乱がないときは C の像である点集合 $\{z(t) \mid t \in [a, b]\}$ も曲線 C という.

$z(t) = x(t) + iy(t)$ の実部 $x(t)$ および虚部 $y(t)$ が微分可能で,導関数が連続であるとする.ただし端点 $t = a$ および $t = b$ では右側微分係数および左側微分係数が存在して,それぞれ片側連続になっているとする.このときすべての t で $z'(t) \neq 0$ ならば,この曲線を**滑らかな曲線**という.これは接線が引けて,パラメーター t とともに連続的に動くという条件である.また区間 I の適当な分点 $a = t_0 < t_1 < \cdots < t_n = b$ に対し,曲線 C を制限した曲線 $C : [t_{j-1}, t_j] \to \boldsymbol{C}$ $(j = 1, \cdots, n)$ が滑らかな曲線のとき,C を**区分的に滑らかな曲線**という.以下,本書では特に断らない限り,曲線といえば区分的に滑らかな曲線を意味するものとする.

始点と終点が一致するとき，すなわち $z(a) = z(b)$ のとき**閉曲線**という．端点を除いて自分自身と交わらないとき**単一曲線**または**ジョルダン曲線**，それが閉曲線のとき**単一閉曲線**または**ジョルダン閉曲線**という．

領域 D で定義された連続関数 $f(z)$ が与えられ，滑らかな曲線 $C : z = z(t)$, $a \leqq t \leqq b$ が D 内にあるものとする．関数 $f(z)$ の C に沿った**線積分**を

$$\int_C f(z)dz = \int_a^b f(z(t))z'(t)dt \tag{8.1}$$

によって定義する．区分的に滑らかな曲線に沿った積分は，滑らかな部分区間での線積分の和として定義する．したがって区分的に滑らかな曲線に対しても同じ (8.1) で表される．$f(z) = f(x + iy)$ に対して

$$\int_a^b f(x(t) + iy(t))x'(t)dt, \quad \int_a^b f(x(t) + iy(t))y'(t)dt$$

をそれぞれ x および y に関する C に沿った**線積分**といって，それぞれ

$$\int_C f(z)dx, \quad \int_C f(z)dy$$

で表す．そのとき

$$\int_C f(z)dz = \int_C f(z)dx + i\int_C f(z)dy \tag{8.2}$$

が成り立つ．

線積分をリーマン和の極限として考えることもできる．曲線 $C : z = z(t)$, $a \leqq t \leqq b$ 上に分点 $z_0 = z(a), z_1, z_2, \cdots, z_n = z(b)$ と C の z_{k-1} から z_k までの部分から任意に点 ζ_k をとり，和

$$\sum_{k=1}^n f(\zeta_k)(z_k - z_{k-1})$$

を作る．区間 $[a, b]$ の分割 $\Delta : a = t_0 < t_1 < \cdots < b = t_n$ を $z_k = z(t_k)$ となるようにとり，$\tau_k \in [t_{k-1}, t_k]$ を $\zeta_k = z(\tau_k)$ となるようにとる．$z_k = x_k + iy_k$ とすれば

$$\sum_{k=1}^n f(\zeta_k)(z_k - z_{k-1}) = \sum_{k=1}^n f(\zeta_k)(x_k - x_{k-1}) + i\sum_{k=1}^n f(\zeta_k)(y_k - y_{k-1})$$

で，第 1 項は $x(t)$ に平均値の定理を適用して

$$\sum_{k=1}^{n} f(\zeta_k)(x_k - x_{k-1}) = \sum_{k=1}^{n} f(z(\tau_k))x'(\tau_k')(t_k - t_{k-1}) \quad (\tau_k' \in [t_{k-1}, t_k])$$

となる.微分積分学の定積分で見たように,分割 Δ を細かくすれば極限は

$$\int_a^b f(z(t))x'(t)dt$$

となる[7].第2項も同様であるから (8.2) より

$$\lim_{\Delta} \sum_{k=1}^{n} f(\zeta_k)(z_k - z_{k-1})$$
$$= \int_a^b f(z(t))x'(t)dt + i \int_a^b f(z(t))y'(t)dt = \int_C f(z)dz \qquad (8.3)$$

となる.

滑らかな曲線 $C : z = z(t), \ t \in [a, b]$ と区間 $[c, d]$ から区間 $[a, b]$ の上への連続的微分可能な写像 $t = \varphi(s)$ で $\varphi'(s) > 0 \ (c < s < d)$ となるものがあるとき,$w(s) = z(\varphi(s))$ とおけば滑らかな曲線 $\Gamma : z = w(s), \ s \in [c, d]$ が得られる.このときこの曲線が含まれる領域 D で連続な関数 $f(z)$ に対して

$$\int_C f(z)dz = \int_a^b f(z(t))z'(t)dt$$
$$= \int_c^d f(z(\varphi(s)))z'(\varphi(s))\varphi'(s)ds = \int_c^d f(w(s))w'(s)ds$$
$$= \int_\Gamma f(z)dz$$

となる.これは曲線のパラメーターを同じ向きのパラメーターで取り替えても線積分は変わらないことを示している.上のような条件を満たす曲線 C と Γ は**同じ曲線**である $(C = \Gamma)$ という.閉曲線に対しては,向きが同じであれば始点 $(=$ 終点$)$ をどこにとっても同じである.上の条件の中で $\varphi'(s) > 0 \ (c < s < d)$ を $\varphi'(s) < 0 \ (c < s < d)$ で置き換えれば,$\varphi(c) = b, \ \varphi(d) = a$ と逆向きのパラメーターとなり,

$$\int_\Gamma f(z)dz = -\int_C f(z)dz$$

---

[7] τ_k と τ_k' は一般には一致しないが,一様連続性より微分積分学における定積分の存在の証明と同様に証明される.参考文献 [5] p.206 の回転面の側面積の積分の収束の証明はここにおける収束の証明に役立つであろう.

が得られる．したがってこのとき Γ を C の**逆向きの曲線**といい，$\Gamma = -C$ と表す．区分的に滑らかな曲線についても同様に定義する．

中心が α で半径が R の円周は点集合としては $|z - \alpha| = R$ を満たす z の全体であるが，パラメーター付けられた曲線としては $C : z(t) = \alpha + Re^{it}$ $(0 \leqq t \leqq 2\pi)$ で表される単一閉曲線である．これは円周を反時計回りにまわる向きをもっている．この向きを円周の**正の向き**という．

一般に単一閉曲線 C は複素数平面を二つの領域に分け，その一方は有界で他方は非有界である．これを**ジョルダンの曲線定理**という．一見明らかなようであるが，証明は容易ではない．その有界な方を C の**内部**，有界ではない方を**外部**という．内部を左側に見て進む方向を C の**正の向き**という．

有界領域 D の境界 ∂D がいくつかの曲線からなるときも，D の内部を左に見て進む方向を境界の正の向きとする．

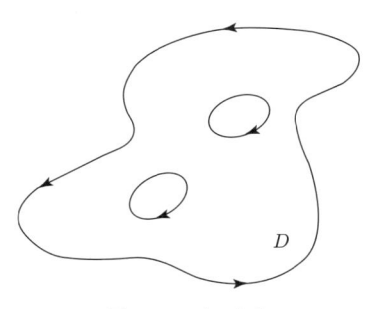

図 8.1 正の向き

二つの曲線 $C_1 : z = z_1(t)$, $t \in [a, b]$ と $C_2 : z = z_2(t)$, $t \in [c, d]$ が $z_1(b) = z_2(c)$ を満たしてつながっているとする．そのとき

$$z(t) = \begin{cases} z_1(a + 2t(b - a)) & \left(0 \leqq t \leqq \dfrac{1}{2}\right) \\ z_2\left(c + 2\left(t - \dfrac{1}{2}\right)(d - c)\right) & \left(\dfrac{1}{2} \leqq t \leqq 1\right) \end{cases}$$

とおけば一つの曲線 $C : z = z(t)$, $t \in [0, 1]$ が得られる．$f(z)$ を C を含む領域で連続としよう．そのとき

$$\int_C f(z)dz = \int_0^1 f(z(t))z'(t)dt$$
$$= \int_0^{\frac{1}{2}} f(z_1(a + 2t(b - a)))2(b - a)z_1'(a + 2t(b - a))dt$$

$$+ \int_{\frac{1}{2}}^{1} f\left(z_2\left(c + 2\left(t - \frac{1}{2}\right)(d - c)\right)\right)$$
$$\times 2(d - c)z_2'\left(c + 2\left(t - \frac{1}{2}\right)\right)(d - c)dt$$
$$= \int_a^b f(z_1(s))z_1'(s)ds + \int_c^d f(z_2(s))z_2'(s)ds$$
$$= \int_{C_1} f(z)dz + \int_{C_2} f(z)dz$$

と積分が和になる．C を C_1 に C_2 をつないだ**曲線**といって $C = C_1 + C_2$ と表す．図 8.1 のように有限個の曲線 (それを $C_1, \cdots, C_n$ とする) からなる境界 ∂D 上の積分を

$$\int_{\partial D} f(z)dx = \sum_{j=1}^n \int_{C_j} f(z)dx$$

によって定義する．

曲線 $C : [a, b] \to \boldsymbol{C}$ があるとき，$z(t) = x(t) + iy(t)$ であれば $z(a)$ から $z(t)$ までの曲線の長さ $s = s(t)$ は

$$s = s(t) = \int_a^t \sqrt{(x'(t))^2 + (y'(t))^2}dt = \int_a^t |z'(t)|dt$$

である (参考文献 [5] p.141)．曲線の全長を L とすれば

$$L = s(b) = \int_a^b |z'(t)|dt$$

で，これはまた

$$\int_C |dz|$$

と書くこともできる．$C : z = z(t),\ a \leqq t \leqq b$ 上で $|f(z(t))| \leqq M$ とすれば

$$\left|\int_C f(z)dz\right| \leqq \int_a^b |f(z(t))||z'(t)|dt \leqq ML$$

である．こうして次の補題が得られた．

補題 8.1 関数 $f(z)$ が長さが L の区分的に滑らかな曲線 C 上で $|f(z)| \leqq M$ を満たせば

$$\left|\int_C f(z)dz\right| \leqq ML \tag{8.4}$$

例 8.1 点 z_0 を始点とし点 z_1 を終点とする線分を C とする:
$$C : z = z_0 + t(z_1 - z_0) \qquad (0 \leqq t \leqq 1).$$
そのとき
$$\int_C f(z)dz = (z_1 - z_0)\int_0^1 f(z_0 + t(z_0 - z_1))dt.$$

例 8.2 C を原点を中心の単位円,すなわち半径が 1 の円 $|z| = 1$ で
$$z(t) = e^{it} \quad (0 \leqq t \leqq 2\pi)$$
なるものとする.その上半分を
$$C_1 : z_1(t) = e^{it} \quad (0 \leqq t \leqq \pi),$$
下半分を
$$C_2 : z_2(t) = e^{it} \quad (\pi \leqq t \leqq 2\pi)$$
としよう.$C = C_1 + C_2$ となる.C_1 も $-C_2$ も 1 と -1 を結ぶ滑らかな曲線である.$f(z) = \dfrac{1}{z}$ を C 上で積分すれば
$$\int_C f(z)dz = \int_0^{2\pi} e^{-it}ie^{it}dt = 2\pi i$$
となる.そして
$$\int_{C_1} f(z)dz = \int_0^{\pi} e^{-it}ie^{it}dt = \pi i$$
であるから
$$\int_{-C_2} f(z)dz = -\pi i$$
が分かる.したがって,1 から -1 まで積分すると積分路によって値が異なる.

例 8.3 上の例を少し一般化して円 $C : |z - z_0| = r$,すなわち
$$C : z(t) = z_0 + re^{it} \qquad (0 \leqq t \leqq 2\pi)$$
上で $f(z) = (z - z_0)^n$ $(n \in \boldsymbol{Z})$ を積分してみよう.

$$\int_C f(z)dz = \int_0^{2\pi} r^n e^{int} ire^{it} dt = ir^{n+1} \int_0^{2\pi} e^{i(n+1)t} dt$$

$$= \begin{cases} i\int_0^{2\pi} dt = 2\pi i & (n = -1) \\ ir^{n+1} \left[\dfrac{e^{i(n+1)t}}{i(n+1)} \right]_0^{2\pi} = 0 & (n \neq -1). \end{cases}$$

例 8.4 $C: z = z(t)\ (a \leqq t \leqq b)$ を α を始点,β を終点とする区分的に滑らかな曲線とする.$n \geqq 0$ とすれば

$$\int_C z^n dz = \int_a^b (z(t))^n z'(t) dt = \int_a^b \frac{1}{n+1} \frac{dz(t)^{n+1}}{dt} dt$$
$$= \frac{1}{n+1}(z(b)^{n+1} - z(a)^{n+1}) = \frac{1}{n+1}(\beta^{n+1} - \alpha^{n+1})$$

となる.特に $\alpha = \beta$ になるとき,すなわち C が閉曲線のときは

$$\int_C z^n dz = 0$$

である. □

領域 D で定義された連続関数 $f(z)$ に対して

$$F'(z) = f(z) \quad (z \in D)$$

となる関数 $F(z)$ を $f(z)$ の **原始関数** というのは実変数関数のときと同じである.

定理 8.1 領域 D で定義された関数 $f(z)$ が D において原始関数 $F(z)$ をもつとする.そのとき D 内の曲線

$$C: z = z(t) \quad (a \leqq t \leqq b)$$

に対して

$$\int_C f(z)dz = F(z(b)) - F(z(a))$$

である.

証明 $\dfrac{d}{dt} F(z(t)) = f(z(t)) z'(t)$ であるから

$$\int_C f(z)dz = \int_a^b f(z(t))z'(t)dt = \int_a^b \frac{d}{dt}F(z(t))dt$$
$$= F(z(b)) - F(z(a))$$

となる.

定理より直ちに次の系が出る.

系 8.1 関数 $f(z)$ が領域 D において原始関数をもつとすれば,D 内の閉曲線 C に対して
$$\int_C f(z)dz = 0$$
となる.

実変数関数 $f(x)$ の不定積分は
$$F(x) = \int_a^x f(\xi)d\xi$$
と表され,$F'(x) = f(x)$ を満たす.複素変数の場合には線積分で不定積分を定義したいのであるが,積分経路によって積分値が変わる可能性がある (例 8.2).そこで領域 D において連続な関数 $f(z)$ に対し,固定した $z_0 \in D$ と任意の $z \in D$ を結ぶ D 内の曲線 C に沿った線積分 $\int_C f(z)dz$ の値が C によらず終点 z だけで決まるとき,その値を
$$F(z) = \int_{z_0}^z f(z)dz$$
で表して,$f(z)$ の**不定積分**という.

補題 8.2 領域 D において連続な関数 $f(z)$ の不定積分 $F(z)$ が存在すれば,$F(z)$ は正則であって $f(z)$ の原始関数である.

後に述べる系 9.1 によれば,正則な関数の導関数はまた正則であるから,不定積分が存在するような連続関数は正則関数でなければならないことになる.

証明 $f(z)$ の連続性より任意の $\varepsilon > 0$ に対して $|h| < \delta$ ならば

$$|f(z+h) - f(z)| < \varepsilon$$

となる $\delta > 0$ がある．さらに δ は $U_\delta(z) \subset D$ を満たすものとする．α から $z+h$ までの積分路として z を通り z から $z+h$ まではこの 2 点を結ぶ線分 I を選べば，

$$\left| \frac{F(z+h) - F(z)}{h} - f(z) \right| = \left| \frac{1}{h} \int_z^{z+h} f(\zeta) d\zeta - f(z) \right|$$

$$= \left| \frac{1}{h} \int_z^{z+h} (f(\zeta) - f(z)) d\zeta \right|$$

$$\leqq \frac{1}{|h|} \int_I |f(\zeta) - f(z)| |d\zeta| < \varepsilon$$

となる．$h \to 0$ とすれば $F'(z) = f(z)$ が得られる． ∎

定理 8.2 関数 $f(z)$ が領域 D において連続で，D 内の任意の閉曲線 C に対して

$$\int_C f(z) dz = 0$$

となるならば，$f(z)$ は不定積分をもつ．

証明 D 内の点 α を始点とし z を終点とする二つの曲線 C_1, C_2 をとるとき，曲線 $C_1 - C_2$ は D 内の閉曲線である．したがって

$$\int_{C_1} f(z) dz - \int_{C_2} f(z) dz = \int_{C_1 - C_2} f(z) dz = 0$$

となり，

$$\int_{C_1} f(z) dz = \int_{C_2} f(z) dz$$

が成り立ち，積分は曲線の選び方によらない．よって不定積分がある． ∎

8.2 グリーンの公式

xy 平面において有界な領域 D の境界 ∂D が有限個の区分的に滑らかな単一閉曲線であるとする．∂D の向きは D の閉包である閉領域 $\overline{D}$ の内部 D を左に見て進

むのが正方向である．関数 $f(z)$ は閉領域 $\overline{D}$ で連続であるとする．D の境界 ∂D 上の 2 点を区分的に滑らかな D 内の単一曲線 C で結んで，二つの領域 D_1 と D_2 に分割すると

$$\int_{\partial D} f(z)dz = \int_{\partial D_1} f(z)dz + \int_{\partial D_2} f(z)dz$$

が成り立つ．これは C の向きが ∂D_1 におけるのと，∂D_2 におけるのでは逆向きになって，積分が消しあうからである．

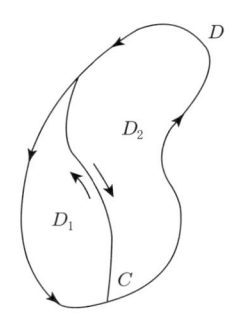

図 8.2　領域の分割

関数 $P(x,y)$ は $\overline{D}$ において C^1 級，すなわち $\overline{D}$ を含むある開集合において偏微分可能で偏導関数が連続であるとする．D を有限個の縦線集合に分割する．ここで**縦線集合**というのは，区間 $[a,b]$ で定義された二つの連続関数 $\varphi(x), \psi(x)$ で $\varphi(x) \leqq \psi(x)$ を満たすものがあるとき，この二つの関数に挟まれた部分のことである：

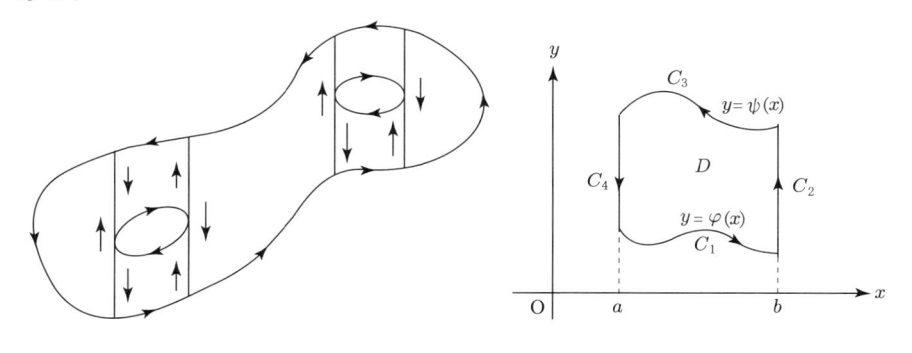

図 8.3　縦線集合への分割　　　　図 8.4　縦線集合

$$\overline{D} = \{(x,y) \,|\, a \leqq x \leqq b,\ \varphi(x) \leqq y \leqq \psi(x)\}.$$

いま
$$\begin{cases} C_1 : x = t,\ y = \varphi(t) & (a \leq x \leq b) \\ C_2 : x = b,\ y = t & (\varphi(b) \leq t \leq \psi(b)) \\ C_3 : x = -t,\ y = \psi(-t) & (-b \leq t \leq -a) \\ C_4 : x = a,\ y = -t & (-\psi(a) \leq t \leq -\varphi(a)) \end{cases}$$

とすれば，$\dfrac{\partial P(x, y)}{\partial y}$ は $\overline{D}$ で積分可能であって，

$$\iint_{\overline{D}} \frac{\partial P(x, y)}{\partial y} dxdy = \int_a^b \left(\int_{\varphi(x)}^{\psi(x)} \frac{\partial P(x, y)}{\partial y} dy \right) dx$$

$$= -\int_a^b P(x, \varphi(x)) dx + \int_a^b P(x, \psi(x)) dx$$

$$= -\int_{C_1} P(x, y) dx - \int_{C_3} P(x, y) dx$$

となる．C_2, C_4 上では $x = $ 一定であるから

$$\int_{C_2} P(x, y) dx = \int_{C_4} P(x, y) dx = 0$$

となり，

$$\iint_{\overline{D}} \frac{\partial P(x, y)}{\partial y} dxdy = -\int_{\partial D} P(x, y) dx$$

が得られる．すると元の D についても積分の加法性によって同じ式が得られる．次に横線集合に分割することによって

$$\iint_{\overline{D}} \frac{\partial Q(x, y)}{\partial x} dxdy = \int_{\partial D} Q(x, y) dy$$

が得られる．P, Q が $\overline{D}$ において C^1 級であるから $\overline{D}$ 上の重積分と D 上の重積分が一致し，次の定理が得られる．

定理 8.3（グリーンの公式） xy 平面上の有界閉領域 $\overline{D}$ 上の C^1 級関数 $P(x, y), Q(x, y)$ に対して

$$\int_{\partial D} \{P(x, y) dx + Q(x, y) dy\} = \iint_D \left(\frac{\partial Q}{\partial x} - \frac{\partial P}{\partial y} \right) dxdy$$

が成り立つ．

グリーンの公式で $P(x, y) = -y$, $Q(x, y) = 0$ の組, $P(x, y) = 0$, $Q(x, y) = x$ の組および $P(x, y) = -y$, $Q(x, y) = x$ の組を選べば, 次の系が得られる.

系 8.2 xy 平面上の有界閉領域 $\overline{D}$ の面積を S とすれば
$$S = -\int_{\partial D} y dx = \int_{\partial D} x dy = \frac{1}{2}\int_{\partial D} -y dx + x dy$$
が成り立つ.

演習問題 8

1. 関数 z^2 を 0 から $1+3i$ まで次のそれぞれの積分路に沿って積分の値を求めよ.
  (1) C_1 : 直線 $y = 3x$
  (2) C_2 : 0 から 1 までの線分と 1 から $1+3i$ までの線分
  (3) C_3 : 0 から $3i$ までの線分と $3i$ から $1+3i$ までの線分

2. C が円 $|z-1| = 1$ のとき積分
$$\int_C \text{Im}\, z\, dz$$
の値を求めよ.

3. 次の曲線 C に沿って積分
$$\int_C \frac{2z^2 - 5z + 1}{z - 1} dz$$
の値を求めよ.
  (1) 円 $C : |z-1| = 1$ (2) $C : -i$ から i までの線分

4. 複素数平面上の単一閉曲線 C で囲まれた領域 D の面積を S とすれば
$$S = \frac{1}{2i}\int_C \overline{z}\, dz$$
であることを示せ.

5. $P(z)$ を z の多項式とし, C を円 $|z - z_0| = r$ とするとき

$$\int_C \overline{P(z)}dz = 2\pi r^2 i \, \overline{P'(z_0)}$$

が成り立つことを示せ.

第9章 コーシーの積分定理

本章のキーワード
コーシーの積分定理，単連結，積分路の変形原理，コーシーの積分公式，モレラの定理，コーシーの評価式，リウヴィルの定理，代数学の基本定理，回転数

　コーシーの積分定理は，それを使えば正則な関数が何回でも微分可能であることが証明できるなど，非常に重要で関数論の核心にある定理である．定理自身は単純で美しい形をしているが，その厳密な証明は入り組んでいて，かなり面倒である．関数 $f(z)$ に微分可能性に加えて導関数 $f'(z)$ の連続性まで仮定すれば，コーシーの積分定理はグリーンの定理から容易に証明される．コーシー自身は $f'(z)$ の連続性を仮定して証明した (1814 年)．そしてグルサが $f'(z)$ の連続性の仮定をせずに証明した (1900 年)．

　ここではまず $f'(z)$ の連続性を仮定してグリーンの定理を用いてコーシーの積分定理を証明する．次に $f'(z)$ の連続性を仮定しないで証明することにする．実は $f'(z)$ の存在だけからコーシーの積分定理を使わずにその連続性が証明できる (プランケット 1959 年) が，その証明は容易でない．

9.1 コーシーの積分定理

定理 9.1（コーシーの積分定理）　領域 D はその境界 ∂D が有限個の区分的に滑らかな単純閉曲線からなるとし，関数 $f(z)$ は閉領域 $\overline{D} = D \cup \partial D$ を含む領域で正則とする．そのとき
$$\int_{\partial D} f(z) dz = 0$$
が成り立つ．

証明 ($f'(z)$ の連続性を仮定した場合)

$z = x + iy \in D$ に対して，$f(z) = u(x, y) + iv(x, y)$ $(u(x, y), v(x, y) \in \mathbf{R})$ とし，$P(x, y) = f(z)$, $Q(x, y) = if(z)$ とおけば，コーシー – リーマンの関係式より

$$\frac{\partial f}{\partial x} = \frac{\partial u}{\partial x} + i\frac{\partial v}{\partial x}$$
$$= \frac{\partial v}{\partial y} - i\frac{\partial u}{\partial y} = -i\left(\frac{\partial u}{\partial y} + i\frac{\partial v}{\partial y}\right) = -i\frac{\partial f}{\partial y}$$

となる．したがってグリーンの公式より

$$\int_{\partial D} f(z)dz = \int_{\partial D} (f(z)dx + if(z)dy)$$
$$= \int_{\partial D} (P(x, y)dx + Q(x, y)dy)$$
$$= \iint_D \left(\frac{\partial Q(x, y)}{\partial x} - \frac{\partial P(x, y)}{\partial y}\right) dxdy$$
$$= i\iint_D \left(\frac{\partial f(x + iy)}{\partial x} + i\frac{\partial f(x + iy)}{\partial y}\right) dxdy = 0$$

となり証明された． ∎

次に $f'(z)$ の連続性を仮定しないで証明しよう．

補題 9.1 (三角形の場合) 関数 $f(z)$ は三角形 Δ を含む領域で正則とする．そのとき

$$\int_{\partial \Delta} f(z)dz = 0$$

が成り立つ．

証明 三角形 Δ の各辺の中点を線分で結んでできる小三角形を $\Delta_1, \Delta_2, \Delta_3, \Delta_4$ とする．各境界 $\partial \Delta_j$ $(j = 1, 2, 3, 4)$ の向きは $\partial \Delta$ の向きと同調する向きとする．すると二つの三角形の共有する辺の向きは互いに逆向き (図 9.1) であるから，

$$\int_{\partial \Delta} f(z)dz = \sum_{j=1}^{4} \int_{\partial \Delta_j} f(z)dz$$

となる．すると

第 9 章 コーシーの積分定理　111

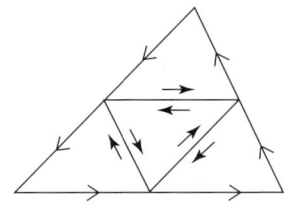

図 9.1　三角形の分割

$$\left|\int_{\partial\Delta} f(z)dz\right| \leqq \sum_{j=1}^{4}\left|\int_{\partial\Delta_j} f(z)dz\right|$$

であるから，どれかの Δ_j に対して

$$\left|\int_{\partial\Delta_j} f(z)dz\right| \geqq \frac{1}{4}\left|\int_{\partial\Delta} f(z)dz\right|$$

が成り立たなければならない．その三角形を $\Delta^{(1)}$ とする．上の Δ と同じように $\Delta^{(1)}$ の $\dfrac{1}{4}$ の 4 個の合同な三角形に分割して同じ議論をすれば，そのうちのある $\Delta^{(2)}$ は

$$\left|\int_{\partial\Delta^{(2)}} f(z)dz\right| \geqq \frac{1}{4}\left|\int_{\partial\Delta^{(1)}} f(z)dz\right|$$

を満たす．これを繰り返して三角形の列

$$\Delta \supset \Delta^{(1)} \supset \cdots \supset \Delta^{(k)} \supset \cdots$$

で

$$\left|\int_{\partial\Delta^{(k)}} f(z)dz\right| \geqq \frac{1}{4}\left|\int_{\partial\Delta^{(k-1)}} f(z)dz\right| \geqq \frac{1}{4^k}\left|\int_{\partial\Delta} f(z)dz\right|$$

を満たすものがとれる．$\bigcap_{k=1}^{\infty}\Delta^{(k)}=\{z_0\}$ とすれば $z_0\in\Delta$ であるから，$f(z)$ は $z=z_0$ で正則である．(5.3) によって z_0 の近くで

$$f(z) = f(z_0) + f'(z_0)(z-z_0) + \eta(z-z_0)(z-z_0),$$
$$\eta(z-z_0) \to 0 \quad (z \to z_0)$$

となる η がある．したがって任意の $\varepsilon>0$ に対して適当な $\delta>0$ をとれば，$z\in U_\delta(z_0)$ のとき $|\eta(z-z_0)|<\varepsilon$ とすることができる．そして十分大きい K をとれば，$k\geqq K$ のとき $\Delta^{(k)}\subset U_\delta(z_0)$ となる．そのとき

$$\int_{\partial \Delta^{(k)}} f(z)dz$$
$$= f(z_0) \int_{\partial \Delta^{(k)}} dz + f'(z_0) \int_{\partial \Delta^{(k)}} (z-z_0)dz + \int_{\partial \Delta^{(k)}} \eta(z-z_0)(z-z_0)dz$$

であるが，例 8.4 によって第 1 項と第 2 項の積分は 0 である．Δ と $\Delta^{(k)}$ の周の長さをそれぞれ L, L_k とすれば，$L_k = \dfrac{L}{2^k}$ であるから

$$\left| \int_{\partial \Delta} f(z)dz \right| \leqq 4^k \left| \int_{\partial \Delta^{(k)}} f(z)dz \right|$$
$$\leqq 4^k \int_{\partial \Delta^{(k)}} |\eta(z-z_0)||z-z_0||dz| < 4^k \varepsilon L_k^2 = \varepsilon L^2$$

となる．ε は任意であるから

$$\int_{\partial \Delta} f(z)dz = 0$$

でなければならない． ∎

この補題より，三角形を有限個集めてできる図形すなわち多角形に対してコーシーの積分定理が成り立つ．P を多角形とし，関数 $f(z)$ は P を含む領域で正則であるとする．P を三角形 $\{\Delta_j\}$ に分割する．三角形の周の向きは P の周の向きと同調するように付けておく (図 9.2)．すると補題 9.1 より

$$\int_{\partial P} f(z)dz = \sum_j \int_{\partial \Delta_j} f(z)dz = 0 \tag{9.1}$$

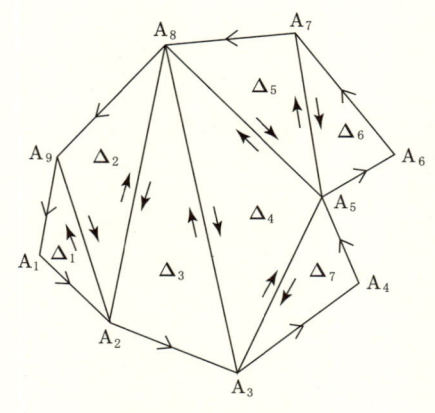

図 9.2 多角形の場合

となる．

次に多角形で近似できる図形について示す．

補題 9.2 関数 $f(z)$ は領域 D で連続，曲線 C は D に含まれる区分的に滑らかな曲線であるとする．任意の $\varepsilon > 0$ と任意の $\delta > 0$ に対して，C と同じ始点と終点をもち，C の δ 近傍に入る D 内の折れ線 Γ で

$$\left|\int_C f(z)dz - \int_\Gamma f(z)dz\right| < \varepsilon$$

となるものがある．

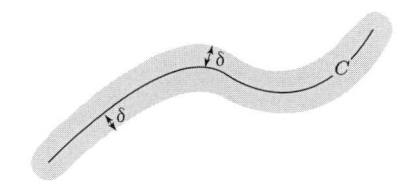

図 9.3 曲線の近傍

曲線 C の δ 近傍 $U_\delta(C)$ とは，図 9.3 のように C の両側に（および端点があれば端点からも）δ の幅でふくらませた集合で境界を含まないものである：

$$U_\delta(C) = \{z \in \boldsymbol{C} \mid d(z,w) < \delta \text{ となる } w \in C \text{ がある}\} = \bigcup_{w \in C} U_\delta(w).$$

証明 C の長さを L，δ を C と D の境界までの距離の $1/2$ より小さい正数とする．C の δ 近傍 $U_\delta(C)$ の閉包を T とする．$T \subset D$ であって，$f(z)$ は一様連続[8]から，ε に対して $|z - z'| < \eta$ ならば $|f(z) - f(z')| < \dfrac{\varepsilon}{2L}$ となる $\eta > 0$ がある．$0 < \delta' < \min(\delta, \eta)$ として，(8.3) より C のパラメーター区間の分割を十分細かくすれば，$|z_{k-1} - z_k| < \delta'$ かつ

$$\left|\int_C f(z)dz - \sum_{k=1}^n f(z_k)(z_k - z_{k-1})\right| < \frac{\varepsilon}{2}$$

---

[8] 関数 $f(z)$ が集合 S で**一様連続**であるとは，連続の定義「任意の $\varepsilon > 0$ に対して，$z, z' \in S$，$|z - z'| < \delta$ ならば $|f(z) - f(z')| < \varepsilon$ を満たす $\delta > 0$ がとれる」の δ が f，ε および集合 S にはよるが個々の点 z, z' にはよらずにとれるときにいう．有界閉集合で連続な関数は一様連続である（参考文献 [5] A.10 も参照されたい）．

とできる．z_{k-1} と z_k を結ぶ線分を Γ_k として，$\Gamma_1, \Gamma_2, \cdots, \Gamma_n$ を順次つないだ折れ線を Γ とする．すると $\Gamma \subset T$ であって

$$\left| \int_\Gamma f(z)dz - \sum_{k=1}^n f(z_k)(z_k - z_{k-1}) \right| = \left| \sum_{k=1}^n \int_{\Gamma_k} \{f(z) - f(z_k)\} dz \right|$$
$$\leqq \frac{\varepsilon}{2L} \cdot L = \frac{\varepsilon}{2}.$$

ゆえに

$$\left| \int_C f(z)dz - \int_\Gamma f(z)dz \right| \leqq \left| \int_C f(z)dz - \sum_{k=1}^n f(z_k)(z_k - z_{k-1}) \right|$$
$$+ \left| \sum_{k=1}^n f(z_k)(z_k - z_{k-1}) - \int_\Gamma f(z)dz \right| < \frac{\varepsilon}{2} + \frac{\varepsilon}{2} = \varepsilon$$

となって証明された． ∎

次に単連結領域におけるコーシーの積分定理を述べよう．領域 D は D に含まれる任意の単一閉曲線の内部が D の点ばかりからなるとき，**単連結**であるという．ここで単連結というときは複素数平面 C におけるそれであって，リーマン球面 $C \cup \{\infty\}$ において ∞ を含む単連結領域は考えない．

例9.1 任意の開円板 $|z - z_0| < R$ は単連結である．したがって ε 近傍 $U_\varepsilon(z_0)$ は単連結である．しかし環状領域 $R_1 < |z - z_0| < R_2$ や開円板から中心を除いた領域 $0 < |z - z_0| < R$ は単連結ではない． □

定理 9.2 関数 $f(z)$ は単連結な領域 D で正則であるとする．そのとき D 内の任意の閉曲線 C に対して

$$\int_C f(z)dz = 0$$

が成り立つ．

証明 曲線 C に対して，任意の $\varepsilon > 0$ を与えれば，補題9.2の折れ線 Γ がとれる．Γ は C に近くとれる閉じた折れ線であるから，Γ および Γ の内部は D に含まれる．Γ が単純であれば Γ は多角形を作る．単純ではないとき，自身と交わる点を頂点として追加することにより，有限個の多角形 $\Gamma_1, \cdots, \Gamma_n$ に分けること

ができるから，向きも考えて (9.1) より

$$\int_\Gamma f(z)dz = \sum_{k=1}^n \int_{\Gamma_k} f(z)dz = 0$$

となる．したがって補題 9.2 より

$$\left|\int_C f(z)dz\right| < \varepsilon$$

が得られる．ε は任意であるから

$$\int_C f(z)dz = 0$$

でなければならない． ∎

コーシーの定理の最初の直接の応用として次の定理が得られる．

定理 9.3（積分路の変形原理） 関数 $f(z)$ が領域 D で正則とする．単一閉曲線 C の中に単一閉曲線 C_1 があって C と C_1 の間の領域 Ω は D の点だけからなるとする．そのとき

$$\int_C f(z)dz = \int_{C_1} f(z)dz$$

が成り立つ．

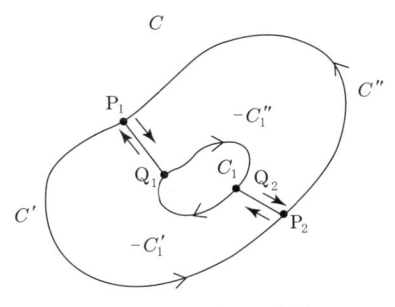

図 9.4 はさまれた領域

証明 C 上に相異なる 2 点 P_1, P_2 をとり，P_1 を始点とし C_1 上の点 Q_1 を終点とする単一曲線 Γ_1 と，P_2 を始点とし C_1 上の点 Q_2 を終点とする単一曲線 Γ_2 で，Ω に含まれ，しかもお互い交わらず，C, C_1 とは両端以外では交わらない

ものをとる．C を正の向きに一周するとき，P_1 から P_2 までの部分曲線を C'，P_2 から P_1 までの部分曲線を C'' とする．同様に C_1 を Q_1 から Q_2 までの C_1' と Q_2 から Q_1 までの C_1'' とに分割する．すると曲線 $\Gamma' = C' + \Gamma_2 - C_1' - \Gamma_1$ と $\Gamma'' = C'' + \Gamma_1 - C_1'' - \Gamma_2$ は単一閉曲線で，内部は Ω の，したがって D の点だけからなるから，定理 9.2 によって

$$\begin{aligned}
0 &= \int_{\Gamma'} f(z)dz + \int_{\Gamma''} f(z)dz \\
&= \left\{ \int_{C'} f(z)dz + \int_{\Gamma_2} f(z)dz - \int_{C_1'} f(z)dz - \int_{\Gamma_1} f(z)dz \right\} \\
&\quad + \left\{ \int_{C''} f(z)dz + \int_{\Gamma_1} f(z)dz - \int_{C_1''} f(z)dz - \int_{\Gamma_2} f(z)dz \right\} \\
&= \int_C f(z)dz - \int_{C_1} f(z)dz
\end{aligned}$$

となり，定理が成り立つことが示される． ∎

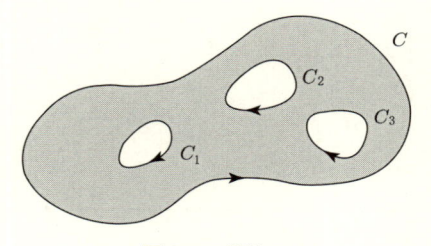

図 9.5　領域 D

定理 9.1 の証明　領域 D の境界 ∂D が単一閉曲線 $C, C_1, \cdots, C_n$ からなっているとする．ただし，C の内部に領域 D と曲線 $C_1, \cdots, C_n$ が含まれていて，$C_1, \cdots, C_n$ はお互い他の外部にあるものとする．すると

$$\int_C f(z)dz = \sum_{k=1}^{n} \int_{C_k} f(z)dz \qquad (9.2)$$

が成り立つ．実際 $n = 0$ は定理 9.2 であり，$n = 1$ は定理 9.3 である．数学的帰納法を使うために $n = k-1$ のとき成立したと仮定しよう．定理 9.3 の証明のように C と C_k を 2 本の曲線を引いて $C_1, \cdots, C_{k-1}$ が Γ' の内部に含まれるようにする．Γ'' 上の積分は単連結な境界上の積分であるから 0 で，Γ' 上の積分は帰納法の仮定より 0 である．こうして (9.2) が示され，定理は $\partial D = C - C_1 - \cdots - C_n$

であるからこれより直ちに結論される. ∎

9.2 コーシーの積分公式

> **定理 9.4（コーシーの積分公式）** 領域 D はその境界 ∂D が有限個の区分的に滑らかな単純閉曲線からなるとし，関数 $f(z)$ は閉領域 $\overline{D} = D \cup \partial D$ を含む領域で正則とする．そのとき
> $$f(z) = \frac{1}{2\pi i} \int_{\partial D} \frac{f(\zeta)}{\zeta - z} d\zeta \quad (z \in D) \tag{9.3}$$
> が成り立つ．(9.3) を**コーシーの積分公式**という.

証明 $z \in D$ に対して $\varepsilon > 0$ を十分小さくとれば $\overline{U_\varepsilon(z)} \subset D$ であり，ζ の関数 $\dfrac{f(\zeta)}{\zeta - z}$ は D から $\overline{U_\varepsilon(z)}$ を除いた領域 $D_\varepsilon = D \setminus \overline{U_R(z)}$ で正則であるから，定理 9.3 (積分路の変形原理) によって

$$\int_{|\zeta - z| = \varepsilon} \frac{f(z)}{\zeta - z} d\zeta = \int_{\partial D} \frac{f(\zeta)}{\zeta - z} d\zeta$$

となる．左辺において $\zeta = z + \varepsilon e^{i\theta}$ とおけば

$$\int_{|\zeta - z| = \varepsilon} \frac{f(\zeta)}{\zeta - z} d\zeta = i \int_0^{2\pi} f(z + \varepsilon e^{i\theta}) d\theta$$

である．したがって，

$$\left| \int_{|\zeta - z| = \varepsilon} \frac{f(\zeta)}{\zeta - z} d\zeta - 2\pi i f(z) \right| = \left| \int_0^{2\pi} \{f(z + \varepsilon e^{i\theta}) - f(z)\} d\theta \right|$$

$$\leqq 2\pi \sup_{|\zeta - z| = \varepsilon} |f(\zeta) - f(z)|$$

となり，$f(\zeta)$ は $\zeta = z$ で連続であるから，$\varepsilon \to 0$ とすれば最後の式は 0 に収束し定理が得られる． ∎

(9.3) より $z, z + h \in D$ ならば

$$\frac{f(z + h) - f(z)}{h} = \frac{1}{2\pi i h} \int_{\partial D} \left(\frac{1}{\zeta - (z + h)} - \frac{1}{\zeta - z} \right) f(\zeta) d\zeta$$

$$= \frac{1}{2\pi i} \int_{\partial D} \frac{f(\zeta)}{(\zeta - z - h)(\zeta - z)} d\zeta$$

である．いま $U_\varepsilon(z) \subset D$ となるように $\varepsilon > 0$ をとり，$z + h \in U_\varepsilon(z)$ とする．有界閉集合 $\overline{D}$ 上での連続関数 $|f(\zeta)|$ の最大値を M とし，曲線 ∂D の長さを L とする．∂D は $C: z = z(t)$ $(a \leqq t \leqq b)$ の形の曲線の有限個の和である．積分路を変形し不等式 (8.4) を使えば，

$$\left| \int_{\partial D} \frac{f(\zeta)}{(\zeta - z - h)(\zeta - z)} d\zeta - \int_{\partial D} \frac{f(\zeta)}{(\zeta - z)^2} d\zeta \right|$$
$$= \left| h \int_{\partial D} \frac{f(\zeta)}{(\zeta - z - h)(\zeta - z)^2} d\zeta \right| = \left| h \int_{|\zeta - z| = \varepsilon} \frac{f(\zeta)}{(\zeta - z - h)(\zeta - z)^2} d\zeta \right|$$
$$\leqq \frac{|h|ML}{(\varepsilon - |h|)\varepsilon^2}$$

となる．最後の項は $h \to 0$ のとき 0 に収束する．したがって

$$f'(z) = \frac{1}{2\pi i} \int_{\partial D} \frac{f(\zeta)}{(\zeta - z)^2} d\zeta \tag{9.4}$$

が得られた．形式的には積分記号内の $\frac{1}{\zeta - z}$ を z で微分したものである．まったく同じ論法で (9.4) は微分可能であって

$$f''(z) = \frac{2}{2\pi i} \int_{\partial D} \frac{f(\zeta)}{(\zeta - z)^3} d\zeta$$

となる．一般には帰納法によって次の定理が得られる．

定理 9.5（導関数に対するコーシーの積分公式） 領域 D はその境界 ∂D が有限個の区分的に滑らかな単純閉曲線からなるとし，関数 $f(z)$ は閉領域 $\overline{D} = D \cup \partial D$ を含む領域で正則とする．そのとき $f(z)$ は D で何回でも微分可能であって

$$f^{(n)}(z) = \frac{n!}{2\pi i} \int_{\partial D} \frac{f(\zeta)}{(\zeta - z)^{n+1}} d\zeta \quad (z \in D) \tag{9.5}$$

が成り立つ．

定理より，$f(z)$ が領域 D で正則であれば任意の点 $z \in D$ の十分小さい円板で

考えると次の系が得られる.

> **系 9.1** 関数 $f(z)$ が領域 D で正則であれば D で無限回微分可能である.

コーシーの積分定理の逆をいうのが,次に説明するモレラの定理である.

> **定理 9.6（モレラの定理）** D を単連結な領域とする.関数 $f(z)$ は D で連続で,D 内の任意の閉曲線 C に対して
> $$\int_C f(z)dz = 0$$
> が成り立つならば,$f(z)$ は D で正則である.

証明 $\alpha \in D$ と $z \in D$ を結ぶ D 内の曲線 C_1, C_2 をとれば,曲線 $C_1 + (-C_2)$ は D 内の閉曲線であるから,
$$0 = \int_{C_1+(-C_2)} f(z)dz = \int_{C_1} f(z)dz - \int_{C_2} f(z)dz$$
より $f(z)$ の不定積分が定義され,補題 8.2 および系 9.1 より正則である. ■

コーシーの積分公式 (9.5) を円板 $D = \{|\zeta - z| < R\}$ のときにあてはめ,境界 $\partial D = \{|\zeta - z| = R\}$ 上で $|f(\zeta)| \leqq M$ ならば,
$$|f^{(n)}(z)| \leqq \frac{n!}{2\pi} \int_{|\zeta-z|=R} \frac{|f(\zeta)|}{|\zeta - z|^{n+1}} |d\zeta|$$
$$\leqq \frac{n!}{2\pi} \int_{|\zeta-z|=R} \frac{M}{R^{n+1}} |d\zeta| = \frac{n!M}{R^n}$$
となる.これを**コーシーの評価式**という.

> **定理 9.7（コーシーの評価式）** 関数 $f(z)$ が閉円板 $\overline{U_R(z)}$ で正則で $\partial U_R(\alpha) = \{z \in \boldsymbol{C} \,|\, |z-\alpha| = R\}$ 上で $|f(\zeta)| \leqq M$ ならば,評価式
> $$|f^{(n)}(\alpha)| \leqq \frac{n!M}{R^n} \qquad (n = 0, 1, 2, \cdots) \tag{9.6}$$

> が成り立つ.

$f(z)$ が整関数, すなわち $\{|z|<\infty\}$ で正則であって有界 ($|f(z)|\leqq M$ となる M がある) ならば, (9.6) の $n=1$ の場合より

$$|f'(z)|\leqq \frac{M}{R}$$

がすべての $R>0$ について成り立つ. $R\to\infty$ とすれば $f'(z)\to 0$ となり $f'(z)=0$ である. したがって定理5.5より次の系が得られる.

> **定理9.8（リウヴィルの定理）** 有界な整関数は定数である.

リウヴィルの定理を利用して**代数学の基本定理**を証明しよう. 代数学の基本定理というのは第1章で述べたように, 複素係数の代数方程式は, 複素数の中に必ず解をもつことを保証する定理である. 2次方程式を考えれば分かるように, 係数が実数の方程式は実数の解をもつとは限らない. 多項式 $=0$ という代数方程式を考える限りでは複素数の範囲を考えておけば十分である. そういう意味で複素数体 $\boldsymbol{C}$ は**代数的閉体**であるという. n 次方程式は一つ解をもてば, 因数定理によって重複度も込めてちょうど n 個の解をもつことが分かる. n 次方程式

$$P(z)=a_0 z^n + a_1 z^{n-1}+\cdots+a_{n-1}z+a_n=0$$
$$(n\geqq 1,\ a_j\in\boldsymbol{C},\ j=0,1,\cdots,n,\ a_0\neq 0)$$

が与えられたとしよう. $P(z)=0$ となる $z\in\boldsymbol{C}$ が存在しないと仮定してみよう. すると $\dfrac{1}{P(z)}$ は整関数であり,

$$\frac{1}{|P(z)|}=\frac{1}{|z|^n}\frac{1}{\left|a_0+a_1\dfrac{1}{z}+\cdots+a_n\dfrac{1}{z^n}\right|}\to 0\quad (z\to\infty)$$

となるから, $\dfrac{1}{P(z)}$ は有界である. 実際, $R>0$ を十分大きくとれば $|z|>R$ のとき $\dfrac{1}{|P(z)|}<1$ であって, $|z|\leqq R$ では連続な $\dfrac{1}{|P(z)|}$ は有界である. したがってリウヴィルの定理から $\dfrac{1}{P(z)}$ は定数でなくてはならなくなり, 矛盾が生じる.

こうして次の定理が証明された．

> **定理 9.9（代数学の基本定理）** 複素係数の n 次方程式は，複素数の範囲に重複度も込めて n 個の解をもつ．

9.3 回転数

> **定理 9.10** C を点 α を通らない閉曲線とすると，積分
> $$\frac{1}{2\pi i}\int_C \frac{1}{z-\alpha}dz$$
> は整数である．この整数を閉曲線 C の点 α のまわりの**回転数**，または点 α の曲線 C に関する**指数**といって，$\mathrm{Ind}\,(C,\alpha)$ で表す．

証明 $C:z=z(t)$, $a\leqq t\leqq b$ としよう．
$$h(t)=\frac{1}{2\pi i}\int_a^t \frac{z'(\tau)}{z(\tau)-\alpha}d\tau,\qquad a\leqq t\leqq b$$
とおく．$z(t)$ が区分的に滑らかであるから，$h(t)$ は有限個の点を除いて微分可能であって $h'(t)=\dfrac{z'(t)}{2\pi i(z(t)-\alpha)}$ である．
$$g(t)=e^{-2\pi i h(t)}(z(t)-\alpha)$$
とおく．$g(t)$ は有限個の点を除いて微分可能な連続関数である．
$$\begin{aligned}g'(t)&=-2\pi i h'(t)e^{-2\pi i h(t)}(z(t)-\alpha)+e^{-2\pi i h(t)}z'(t)\\&=-e^{-2\pi i h(t)}z'(t)+e^{-2\pi i h(t)}z'(t)=0\end{aligned}$$
となるので $g(t)$ は区間 $[a,b]$ で定数である．$g(a)=g(b)$ より
$$e^{-2\pi i h(a)}(z(a)-\alpha)=e^{-2\pi i h(b)}(z(b)-\alpha)$$
となるが，$z(a)=z(b)$, $h(a)=0$ であるから $e^{-2\pi i h(b)}=1$ となり，$h(b)$ は整数になる． ∎

$\alpha=0$, $C:|z|=1$ ならば，例 8.2 あるいはより一般の例 8.3 で見たように

Ind $(C, 0) = 1$ である.

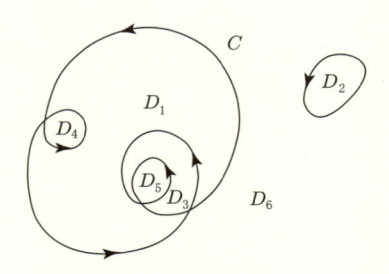

図 9.6 回転数

図 9.6 の場合, $I(C, \alpha)$ の値は, $\alpha \in D_1 \cup D_2$ のとき 1, $\alpha \in D_3 \cup D_4$ のとき 2, $\alpha \in D_5$ のとき 3, $\alpha \in D_6$ のとき 0 である.

証明は省略するが, 回転数を用いれば, 単純とは限らない閉曲線に対してコーシーの積分定理とコーシーの積分公式を述べることができる.

定理 9.11 (1) 開集合 D 内の閉曲線 C が, $\alpha \notin D$ ならば

$$\mathrm{Ind}\,(C, \alpha) = 0$$

を満たすとする. そのとき, 関数 $f(z)$ が D で正則ならば

$$\int_C f(z)dz = 0.$$

(2) $z_0 \in D - C$ に対して

$$\mathrm{Ind}\,(C, z_0)f(z_0) = \frac{1}{2\pi i}\int_C \frac{f(z)}{z - z_0}dz$$

が成り立つ.

演習問題 9

1. 次の積分の値を求めよ.

(1) $\displaystyle\int_{|z-1|=1} \frac{1}{z^2+1}dz$ (2) $\displaystyle\int_{|z-i|=1} \frac{1}{z^2+1}dz$

(3) $\displaystyle\int_{|z|=2}\frac{e^z}{z^2+1}dz$ (4) $\displaystyle\int_{|z|=1}\frac{e^{2z}}{(2z+1)^3}dz$

2. C が次の (1) ～ (3) のそれぞれの場合に積分
$$\int_C \frac{z-3}{z^2-2z+5}dz$$
の値を求めよ．

(1)　$C:|z|=1$　　(2)　$C:|z-1+i|=2$
(3)　$C:|z-1-i|=2$

3. 関数 $f(z)$ は閉円板 $|z-z_0|\leqq r$ で正則とすれば，次の**平均値の定理**が成り立つことを示せ．
$$f(z_0)=\frac{1}{2\pi}\int_0^{2\pi}f(z_0+re^{i\theta})d\theta$$

4. C を円 $z=Re^{i\theta}$ とし，$f(z)$ は $|z|\leqq R$ を含む領域で正則とする．$0<r<R$ のとき
$$\int_0^{2\pi}\frac{f(Re^{i\theta})}{re^{i\theta}-Re^{i\varphi}}e^{i\theta}d\theta=0$$
となることを示せ．

第10章　正則関数

本章のキーワード
テイラー級数展開，零点，一致の定理，最大値の原理，
シュヴァルツの補題，正則関数列，ガンマ関数

前章において正則関数は C^∞ 級である，すなわち無限回微分可能であることを見た．本章では正則関数が解析的である (C^ω 級関数ともいう) ことをコーシーの積分公式より導く．これは微分可能性から整級数展開可能であることが導かれることになり，実変数関数と大きく違うところである．さらに一致の定理によれば，正則関数は，少なくとも定義領域内の点に収束する点列の上で値を与えれば関数が決定されてしまう．ごく小さな領域で関数が決まるということは，正則関数が剛の構造をもっているともいえる．これに対して実変数の関数は C^∞ 級という条件だけではある区間で関数が与えられても，その区間の外では関数を自由に変えることができ，柔構造をもっているということができる．

10.1　テイラー級数展開

関数 $f(z)$ は領域 D で正則であるとする．D の任意の点 z_0 をとり，z_0 から D の境界までの最短距離を R_0 とする．任意の $z \in U_{R_0}(z_0)$ をとって固定する．$|z-z_0| < R < R_0$ となる R をとってコーシーの積分公式を書けば

$$f(z) = \frac{1}{2\pi i} \int_{|\zeta-z_0|=R} \frac{f(\zeta)}{\zeta-z} d\zeta \tag{10.1}$$

となる．一般に $\alpha \neq 1$ のとき

$$\frac{1}{1-\alpha} = 1 + \alpha + \alpha^2 + \cdots + \alpha^{n-1} + \frac{\alpha^n}{1-\alpha}$$

であるから，

$$\frac{1}{\zeta - z} = \frac{1}{\zeta - z_0}\left(1 - \frac{z - z_0}{\zeta - z_0}\right)^{-1}$$
$$= \frac{1}{\zeta - z_0}\sum_{k=0}^{n-1}\left(\frac{z - z_0}{\zeta - z_0}\right)^k + \frac{(z - z_0)^n}{(\zeta - z)(\zeta - z_0)^n}$$

となる．(10.1) に代入すると

$$f(z) = \sum_{k=1}^{n-1} \frac{(z - z_0)^k}{2\pi i}\int_{|\zeta - z_0| = R}\frac{f(\zeta)}{(\zeta - z_0)^{k+1}}d\zeta + \rho_n,$$

ここで

$$\rho_n = \frac{(z - z_0)^n}{2\pi i}\int_{|\zeta - z_0| = R}\frac{f(\zeta)}{(\zeta - z)(\zeta - z_0)^n}d\zeta$$

である．円周 $|\zeta - z_0| = R$ 上で $|f(\zeta)| \leqq M$ として，$|z - z_0| = r$ とおく．$R > r$ であり，$|\zeta - z| = |(\zeta - z_0) - (z - z_0)| \geqq |\zeta - z_0| - |z - z_0| = R - r$ であるから

$$|\rho_n| \leqq \frac{MR}{R - r}\left(\frac{r}{R}\right)^n \to 0 \qquad (n \to \infty)$$

が成り立つ．したがって次の定理が得られる．

定理 10.1　関数 $f(z)$ は領域 D で正則であるとする．D の任意の点 z_0 をとり，z_0 から D の境界までの距離を R_0 とすると，開円板 $U_{R_0}(z_0)$ において

$$f(z) = \sum_{n=0}^{\infty} c_n(z - z_0)^n \tag{10.2}$$

と，べき級数に一意的に展開される．ここで

$$c_n = \frac{f^{(n)}(z_0)}{n!} = \frac{1}{2\pi i}\int_{|\zeta - z_0| = R}\frac{f(\zeta)}{(\zeta - z_0)^{n+1}}d\zeta \qquad (0 < R < R_0) \tag{10.3}$$

である．

一意性は，

$$f(z) = \sum_{n=0}^{\infty} d_n(z - z_0)^n$$

として定理 4.13 によって，収束円の内部で n 回項別微分して $z = z_0$ とおけば

$f^{(n)}(z_0) = n! \, d_n$ となることより分かる．級数 (10.2) を $f(z)$ の z_0 を中心とする**テイラー級数展開**または**テイラー展開**という．

関数 $f(z)$ が開円板 $U_R(z_0)$ で正則であるとき，テイラー展開

$$f(z) = \sum_{n=0}^{\infty} \frac{f^{(n)}(z_0)}{n!} (z - z_0)^n \qquad (z \in U_R(z_0))$$

より直ちに次の補題が得られる．

補題 10.1 関数 $f(z)$ が開円板 $U_R(z_0)$ で正則で
$$f^{(n)}(z_0) = 0 \qquad (n = 0, 1, 2, \cdots)$$
が成り立てば，$U_R(z_0)$ で恒等的に $f(z) = 0$ である．

多項式 $p(x)$ に対して $p(\alpha) = 0$ であれば $p(x) = (x - \alpha)p_1(x)$ となる多項式 $p_1(x)$ がある．これは因数定理とよばれるが，正則関数についても次の因数定理が成り立つ．

定理 10.2 (因数定理) 関数 $f(z)$ は開円板 $U_R(z_0)$ で正則であり，$f(z_0) = 0$ ではあるが，恒等的には 0 ではないとする．そのとき
$$f(z) = (z - z_0)^m \varphi(z), \quad \varphi(z_0) \neq 0$$
を満たす $U_R(z_0)$ における正則関数 $\varphi(z)$ と $m \in \boldsymbol{N}$ がある．

証明 $f(z_0) = 0$ であるがすべての n に対して $f^{(n)}(z_0) = 0$ ならば，補題 10.1 により $U_R(z_0)$ で恒等的に $f(z) = 0$ となるから，$f^{(n)}(z_0) \neq 0$ となる n $(n \geq 1)$ がある．そのような n の最小のものを m とすれば

$$f(z) = \frac{f^{(m)}(z_0)}{m!}(z - z_0)^m + \frac{f^{(m+1)}(z_0)}{(m+1)!}(z - z_0)^{m+1} + \cdots$$

となる．ここで

$$\varphi(z) = \frac{f^{(m)}(z_0)}{m!} + \frac{f^{(m+1)}(z_0)}{(m+1)!}(z - z_0) + \cdots + \frac{f^{(n)}(z_0)}{n!}(z - z_0)^{n-m} + \cdots$$

とおけば，右辺は $U_R(z_0)$ で収束するべき級数であるから正則であり，

$$\varphi(z_0) = \frac{f^{(m)}(z_0)}{m!} \neq 0$$

となる. ∎

定理の m を $f(z)$ の零点 z_0 の**位数**または**重複度**といい，z_0 を m 位の零点という．

定理 10.3（一致の定理） 関数 $f(z)$ と $g(z)$ は領域 D で正則であり，D の点 z_0 に収束する D 内の点列 $\{z_n\}$ $(n = 1, 2, \cdots; z_n \neq z_0)$ に対して

$$f(z_n) = g(z_n), \qquad n = 1, 2, \cdots$$

が成り立てば，D 全体で $f(z) = g(z)$ である．

証明 $n \to \infty$ とすれば連続性より $f(z_0) = g(z_0)$ である．$h(z) = f(z) - g(z)$ とおくことにより，$h(z_n) = 0$ $(n = 1, 2, \cdots)$ ならば $h(z) = 0$ $(z \in D)$ を示せばよいことになる．D に含まれる開円板 $U_R(z_0)$ をとり，ある $z \in U_R(z_0)$ で $h(z) \neq 0$ と仮定する．$n \geqq N$ ならば $z_n \in U_R(z_0)$ となる N をとる．$h(z_n) = 0$ から $h(z_0) = 0$ となり，因数定理により

$$h(z) = (z - z_0)^m \varphi(z), \qquad \varphi(z_0) \neq 0$$

となる $U_R(z_0)$ における正則関数 $\varphi(z)$ と $m \in \boldsymbol{N}$ がある．すると $n \geqq N$ に対して

$$0 = h(z_n) = (z_n - z_0)^m \varphi(z_n)$$

であるから，$\varphi(z_n) = 0$ $(n \geqq N)$ である．したがって $n \to \infty$ として $\varphi(z_0) = 0$ となって，$\varphi(z_0) \neq 0$ という仮定に反する．ゆえに $U_R(z_0)$ で恒等的に $h(z) = 0$ でなければならない．

次に任意の $c \in D$ $(c \neq z_0)$ をとって z_0 と c を D 内の連続曲線

$$C: \ z = z(t) \quad (0 \leqq t \leqq 1, \ z(0) = z_0, \ z(1) = c)$$

で結ぶ．$0 \leqq t < \tau$ ならば $h(z(t)) = 0$ であるような τ の上限を t_0 とする．上に示したことから $t_0 > 0$ であって，$0 \leqq t_1 < t_2 < \cdots < t_n < \cdots$，$\lim_{n \to \infty} t_n = t_0$ となる数列 $\{t_n\}$ に対して $z_n = z(t_n)$ とおけば，$\lim_{n \to \infty} z_n = z(t_0)$ であって $h(z_n) = 0$ である．証明の前半で示したように，$z(t_0)$ を中心とするある開円板で $h(z) = 0$

となる．もし $t_0 < 1$ ならば $t_0 < \tau$ であるようなある τ に対して $t < \tau$ のとき $h(t) = 0$ となって，t_0 が上限であることに反する．したがって $z(t_0) = c$ であって $h(c) = 0$ となる．ゆえに $h(z)$ は D で恒等的に 0 となる．■

領域 D 上の正則関数 $f(z)$ が D のコンパクト集合 K に無限個の零点 $\alpha_1, \alpha_2, \cdots,$ $\alpha_n, \cdots$ をもつとする．この点列は定理 4.1 によって K の点に収束する部分点列を含む．すると一致の定理によって $f(z)$ は恒等的に 0 でなければならない．こうして次の系が得られた．

> **系 10.1** 領域 D 上で正則で恒等的には零ではない関数 $f(z)$ は D の任意のコンパクト集合上ではたかだか有限個の点でしか零にならない．

領域 D で正則な関数 $f(z)$ は，定数関数でない限りその絶対値 $|f(z)|$ が D 内では決して最大値をとらないことを主張するのが，次の最大値の原理である．したがって，D が有界であって $f(z)$ が閉領域 $\overline{D}$ で連続であるとすれば，$\overline{D}$ における $|f(z)|$ の最大値は必ず D の境界上でとることが分かる．

> **定理 10.4（最大値の原理）** 関数 $f(z)$ は領域 D で正則とする．$|f(z)|$ が D の点 z_0 で最大値をとれば $f(z)$ は定数である．

証明 $|f(z)|$ が最大値をとる点 z_0 を中心とする開円板 $U_R(z_0)$ が D に含まれるとする．$U_R(z_0)$ の中に $|f(z_1)| < |f(z_0)|$ なる z_1 があるとする．$z_1 - z_0 = re^{i\theta_1}$ ($0 < r < R$) とすれば，θ_1 の近くの θ に対して $|f(z_0 + re^{i\theta})| < |f(z_0)|$ であるから，コーシーの積分公式によって

$$|f(z_0)| = \left| \frac{1}{2\pi i} \int_{|z-z_0|=r} \frac{f(z)}{z - z_0} dz \right|$$

$$\leqq \frac{1}{2\pi} \int_0^{2\pi} |f(z_0 + re^{i\theta})| d\theta$$

$$< |f(z_0)|$$

となって矛盾が生じる．したがって $U_R(z_0)$ 内では常に $|f(z)| = |f(z_0)|$ となる．

定理 5.6 (3) によって $f(z) = f(z_0)$ $(z \in U_R(z_0))$ が成り立ち，一致の定理より D 全体で $f(z)$ は定数でなければならない． ■

この定理より次の系が直ちに得られる．

> **系 10.2** 関数 $f(z)$ が有界領域 D で正則で閉領域 $\overline{D} = D \cup \partial D$ で連続であるとする．そのとき $|f(z)|$ は D の境界 ∂D の点において最大値をとる．

いま関数 $f(z)$ は原点を中心とする円板 $U_R(0): |z| < R$ で正則で，$f(0) = 0$ かつ $|f(z)| < M$ $(z \in U_R(0))$ とする．因数定理より正則関数 $\varphi(z)$ によって $f(z) = z\varphi(z)$ と表される．$0 < r < R$ として $|z| \leqq r$ で $\varphi(z)$ に対して最大値の原理の系を使えば

$$|\varphi(z)| \leqq \max_{|\zeta|=r} \frac{|f(\zeta)|}{|\zeta|} \leqq \frac{M}{r} \quad (|z| < r)$$

が得られる．$r \to R$ とすれば

$$|\varphi(z)| = \left|\frac{f(z)}{z}\right| \leqq \frac{M}{R}$$

となるから，$|z| < R$ のとき

$$|f(z)| \leqq \frac{M}{R}|z| \tag{10.4}$$

となる．$f'(0) = \varphi(0)$ であるから，$|f'(0)| \leqq M/R$ も得られる．もし $z = z_0 \in U_R(0)$ で (10.4) の等号が成り立てば，$|\varphi(z_0)| = M/R$ であるから，最大値の原理によって $\varphi(z) =$ 定数である．したがってある $\theta \in \mathbf{R}$ によって $\varphi(z) = e^{i\theta}M/R$ と表される．こうして次の**シュヴァルツの補題**とよばれる定理が得られた．

> **定理 10.5 (シュヴァルツの補題)** 関数 $f(z)$ は開円板 $|z| < R$ で正則で有界，$|f(z)| < M$ かつ $f(0) = 0$ が満たされるものとすると，
>
> $$|f(z)| \leqq \frac{M}{R}|z| \quad (|z| < R) \tag{10.5}$$
>
> かつ
>
> $$|f'(0)| \leqq \frac{M}{R}$$

が成り立つ．(10.5) における等号が内部のある z_0 $(0 < |z_0| < R)$ で成り立つのは，ある $\theta \in \mathbf{R}$ に対して
$$f(z) = e^{i\theta}\frac{M}{R}z$$
となるときであり，そのときに限る．

10.2 正則関数列

関数列 $f_n(z)$ $(n = 1, 2, \cdots)$ は領域 D で正則であるとする．すでに第 4 章において各点収束，一様収束，広義一様収束を定義した．実変数関数に対しては極限関数の微分可能性をいうには導関数列の一様収束性が必要であった．しかし複素変数の正則関数列に対してはもっと弱い条件でよいことが分かる．その準備として，まず極限と積分の順序交換の定理を述べることにしよう．

定理 10.6 連続関数列 $\{f_n(z)\}$ が領域 D で関数 $f(z)$ に広義一様収束しているとする．すると D 内の区分的に滑らかな曲線 C に対して
$$\lim_{n\to\infty}\int_C f_n(z)dz = \int_C f(z)dz$$
が成り立つ．

証明 広義一様収束であることより，$f(z)$ は D 内の任意の有界閉集合上で，したがって D 上で連続である．ゆえに C 上で積分可能である．L を C の長さとすると，任意の $\varepsilon > 0$ に対して $n \geqq n_0$ ならば $z \in C$ である限り
$$|f_n(z) - f(z)| < \varepsilon$$
となる n_0 をとることができる．ゆえに $n \geqq n_0$ ならば
$$\left|\int_C f_n(z)dz - \int_C f(z)dz\right| \leqq \int_C |f_n(z) - f(z)||dz| < \varepsilon L$$
となって，定理の不等式が成り立つ． ■

$f_n(z)$ として無限級数の第 n 部分和を考えれば，定理より直ちに次の項別積分

の定理が得られる．

定理 10.7 連続関数からなる級数 $\sum_{n=1}^{\infty} f_n(z)$ が領域 D で広義一様収束しているとする．すると D 内の区分的に滑らかな曲線 C に対して

$$\sum_{n=1}^{\infty} \int_C f_n(z)dz = \int_C \sum_{n=1}^{\infty} f_n(z)dz$$

が成り立つ．

次に正則関数列を考えよう．

定理 10.8 領域 D での正則関数列 $\{f_n(z)\}$ が D で関数 $f(z)$ に広義一様収束しているとする．すると $f(z)$ も D で正則で

$$f'(z) = \lim_{n \to \infty} f_n'(z)$$

が成り立つ．しかもこの収束は広義一様収束である．

証明 広義一様収束であるから $f(z)$ は D で連続である．任意の $z_0 \in D$ に対して近傍 $U_\varepsilon(z_0) \subset D$ をとれば，$U_\varepsilon(z_0)$ は単連結であるから，モレラの定理によって $U_\varepsilon(z_0)$ 内の任意の閉曲線 C に対して

$$\int_C f(z)dz = 0$$

を示せば，$f(z)$ は $U_\varepsilon(z_0)$ で正則であることになる．したがって D で正則になる．それはすべての n に対して

$$\int_C f_n(z)dz = 0$$

であり，有界閉集合 C 上で一様収束であるから，定理 10.6 より

$$\int_C f(z)dz = \int_C \lim_{n \to \infty} f_n(z)dz = \lim_{n \to \infty} \int_C f_n(z)dz = 0$$

となるからである．いま $0 < r < \varepsilon$ とし，$C: z = z_0 + re^{i\theta}$ $(0 \leqq \theta \leqq 2\pi)$ とすればコーシーの積分公式より

$$f'_n(z) = \frac{1}{2\pi i}\int_C \frac{f_n(\zeta)}{(\zeta-z)^2}d\zeta$$

と表される．したがって C 上での一様収束性より $\lim_{n\to\infty} f'_n(z) = f'(z)$ となる．しかも $0 < r_1 < r$ なる任意の r_1 に対して $|z-z_0| \leqq r_1$ において一様収束する．D に含まれる任意の有界閉集合は**ハイネ – ボレルの被覆定理** (定理 4.2) により，このような有限個の閉円板 $|z-z_0| \leqq r_1$ で覆われることになり，D で広義一様収束となる．∎

定理より直ちに次の級数に関する系が得られる．

系 10.3 領域 D で定義された正則関数列からなる級数 $\sum_{n=1}^{\infty} f_n(z)$ が D において広義一様収束すれば和 $f(z)$ も D で正則である．導関数について

$$f'(z) = \sum_{n=1}^{\infty} f'_n(z)$$

が成り立ち，この和は広義一様収束である．

系 10.3 は微分と和の順序の交換に関する定理であるが，同様なことが微分と連続和である積分の順序の交換に関していうことができる．それを後に使う形で，証明なしに紹介しておこう．

定理 10.9 関数 $f(z,t)$ が複素数平面上の領域 D の z と実数区間 $(0,\infty)$ の t に対して定義され，各 t に対して $f(z,t)$ は z の関数として D 上で正則，かつ積分

$$\int_0^{\infty} f(z,t)dt$$

は D 上で広義一様収束するとする．そのときその積分値 $f(z)$ は D において正則である．導関数について

$$f'(z) = \int_0^{\infty} \frac{\partial}{\partial z} f(z,t)dt$$

が成り立つ．

例 10.1（ガンマ関数）
微分積分学においてガンマ関数 $\Gamma(s)$ は広義積分
$$\int_0^\infty x^{s-1} e^{-x} dx$$
によって定義され，$s > 0$ のとき収束するすることを知っている (参考文献 [5] 11.2)．しかも $(0, \infty)$ の任意の有界閉区間で一様収束である．したがって s を複素数に拡張して考えれば，$s \in \{\operatorname{Re} s > 0\}$ において広義一様絶対収束し，正則関数を表す．部分積分することによって
$$\Gamma(s+1) = s\Gamma(s)$$
が $\operatorname{Re} s > 0$ に対して成り立つ．これを
$$\Gamma(s) = \frac{\Gamma(s+1)}{s}$$
と書き直してみれば，右辺は $\operatorname{Re} s > -1$, $s \neq 0$ において正則である．この右辺によって $\Gamma(s)$ を $\operatorname{Re} s > -1$, $s \neq 0$ に解析接続する．すると同じ式によって $\operatorname{Re} s > -2$, $s \neq 0, -1$ に解析接続される．これを繰り返せば $s = 0, -1, -2, \cdots$ を除く全平面に解析接続されることになる．本書では証明しないが，$s = 0, -1, -2, \cdots$ はこうして拡張した Γ 関数の極になり，全平面で有理型関数になる (本書 12 章参照)．　　□

演習問題 10

1. 関数 e^z の点 $z_0 = 1$ を中心とするテイラー展開を求めよ．

2. 関数 $\sin z$ の点 $z = \dfrac{\pi}{2}$ を中心とするテイラー展開を求めよ．

3. 関数 e^z の絶対値の $|z - z_0| \leqq R$ $(R > 0)$ における最大値を求めよ．

4. 関数 $f(z)$ は単純閉曲線 C および C で囲まれた領域 D で正則であるとする．D において $f(z) \neq 0$ かつ $f'(z) \neq 0$ ならば，$|f(z)|$ は C 上の点において最小値をとることを証明せよ．

5. 関数 $f(z) = z^2 + 2$ のとき，$|f(z)|$ の $|z| \leqq 1$ における最大値，最小値を求めよ．

第11章 等角写像

本章のキーワード
曲線のなす角,臨界点,単葉関数,等角写像,リーマンの写像定理,ジューコフスキー変換

本章では幾何学的な概念である等角写像について述べる.正則関数を複素数平面から複素数平面への写像と考えたとき,1階の微分係数が零でないところではこの写像が角を変えないことを示す.等角写像の概念は応用上も重要である.ジューコフスキーは飛行機の翼の周りの空気の流れの研究に彼の名前でよばれる等角写像を導入した.この変換についても眺めることにしよう.

11.1 等角写像

$t = t_0$ のとき点 z_0 を通る滑らかな曲線 $C : z = z(t)$ を考えよう.微分係数 $z'(t_0)$ は C の $z_0 = z(t_0)$ における接線の方向を表し,接線の方程式は

$$z = z_0 + z'(t_0)(t - t_0) \qquad (t \in \mathbf{R})$$

である.この直線と実軸の正方向とのなす角は $\arg z'(t_0)$ である.同じ曲線であってもパラメーターを取り替えるとどうなるだろうか. $t = t(s)$, $t_0 = t(s_0)$, $t'(s) > 0$ とすれば $\dfrac{dz(t(s_0))}{ds} = z'(t_0)t'(s_0)$ であって,

$$\arg z'(t_0)t'(s_0) = \arg z'(t_0) + \arg t'(s_0) = \arg z'(t_0)$$

であるから,角は (2π の整数倍の和を除いて) 確定する.したがって z_0 を通る二つの滑らかな曲線 $C_1 : z = z_1(t)$ と $C_2 : z = z_2(s)$ で $z_1(t_0) = z_2(s_0) = z_0$ を満たすものがあれば,それらの (z_0 における) 接線のなす角

$$\arg z'_2(s_0) - \arg z'_1(t_0)$$

が決まる．これを**2曲線のなす角**という．

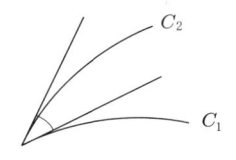

図 11.1 曲線のなす角

C から C への写像 (関数) $w = f(z)$ によって z_0 を通る 2 曲線 C_1, C_2 が $w_0 = f(z_0)$ を通る 2 曲線 $\Gamma_1 : w = w_1 = f \circ z_1$, $\Gamma_2 : w = w_2 = f \circ z_2$ に写されたとき, z_0 における角と w_0 における角が向きを込めて等しいならば $f(z)$ は z_0 において**等角**であるという．$f(z)$ が正則で $f'(z_0) \neq 0$ ならば $\arg f'(z_0)$ が確定するから,

$$\arg w_2'(s_0) - \arg w_1'(t_0)$$
$$= (\arg f'(z_2(s_0)) + \arg z_2'(s_0)) - (\arg f'(z_1(t_0)) + \arg z_2'(t_0))$$
$$= \arg z_2'(s_0) - \arg z_1'(t_0)$$

となって等角であることが分かる．こうして次の定理が得られた．

> **定理 11.1** 関数 $f(z)$ が $z = z_0$ で正則で $f'(z_0) \neq 0$ ならば, 写像 $w = f(z)$ は $z = z_0$ において等角である．

$f'(z_0) = 0$ となる点 z_0 は $f(z)$ の**臨界点**といわれる．

定理 5.7 によれば, 正則関数 $f(z)$ が $f'(z_0) \neq 0$ を満たせば f は z_0 のある近傍と $w_0 = f(z_0)$ のある近傍の間の 1 対 1 写像となる．関数論においては 1 対 1 の写像となる関数を**単葉**であるという．関数 $z = f(z)$ が領域 D から領域 Δ への正則な単葉関数であるとき, f は D から Δ への**等角写像**であるという．

まず単位円の内部をそれ自身の上に写す等角写像を調べよう．それが原点を動かさないならば形が決まる．$w = f(z)$ がそのようなものであるとすれば, $|z| < 1$ において $|f(z)| < 1$ であるから, シュヴァルツの補題 (定理 10.5) によって

$$|w| = |f(z)| \leqq |z|$$

となる．逆写像もシュヴァルツの補題の仮定を満たすから

$$|z| = |f^{-1}(w)| \leqq |w|$$

となる．ゆえに
$$|f(z)| = |z|$$
である．したがってシュヴァルツの補題の後半の主張によって
$$f(z) = e^{i\theta}z$$
となる実定数 θ がある．この結果を定理としてまとめておこう．

定理 11.2 関数 $f(z)$ が単位円の内部 $D = \{|z| < 1\}$ を単位円の内部 $D = \{|w| < 1\}$ の上への等角写像で $f(0) = 0$ を満たせば，ある $\theta \in \boldsymbol{R}$ があって
$$f(z) = e^{i\theta}z$$
となる．

定理 11.2 の $w = f(z) = e^{i\theta}z$ は 1 次分数変換
$$w = \frac{e^{i\frac{\theta}{2}}z + 0}{0z + e^{-i\frac{\theta}{2}}}$$
である．一般に 1 次分数変換
$$w = \frac{\alpha z + \beta}{\gamma z + \delta}, \qquad \alpha\delta - \beta\gamma \neq 0$$
は
$$\frac{dw}{dz} = \frac{\alpha\delta - \beta\gamma}{(\gamma z + \delta)^2} \neq 0$$
であるから等角写像である．定理 11.2 の中の仮定 $f(0) = 0$ をはずせば次の定理が成り立つ．

定理 11.3 関数 $f(z)$ が単位円の内部 $D = \{|z| < 1\}$ を単位円の内部 $D = \{|w| < 1\}$ の上への等角写像ならば，$f(z)$ は 1 次分数変換である．

証明 $f(0) = \alpha = re^{i\theta}$ として
$$g_1(z) = e^{i\theta}z, \qquad g_2(z) = \frac{z + r}{rz + 1}$$

とおけば，これらは1次分数変換で，
$$(g_1 g_2)(0) = g_1(r) = re^{i\theta} = \alpha$$
となる．したがって $g_2^{-1} g_1^{-1} f$ は D から D の上への等角写像で 0 を不動にする．したがって定理 11.2 により
$$(g_2^{-1} g_1^{-1} f)(z) = e^{i\tau} z$$
となる $\tau \in \boldsymbol{R}$ がある．この最後の τ だけの回転を表す 1 次変換を $g_3(z)$ とすれば
$$f(z) = (g_1 g_2 g_3)(z)$$
となり，$f(z)$ は 1 次分数変換である． ■

一般の領域の等角写像を知る重要な一つの定理を述べよう．次のリーマンの写像定理は 1851 年にリーマンによって述べられたが，1870 年にワイエルシュトラスによって証明の不備が指摘され，最終的には 1907 年にポアンカレによって証明されたものである．証明は複雑なので省略する．

定理 11.4（リーマンの写像定理） 複素平面上の少なくとも二つの境界点をもつ単連結領域を単位円の内部 $D = \{|z| < 1\}$ に写す等角写像が存在する．

例 11.1 上半平面 $\mathcal{H} : \mathrm{Im}\, z > 0$ を単位円の内部 $D : |w| < 1$ に写す 1 次分数変換を求めよう．

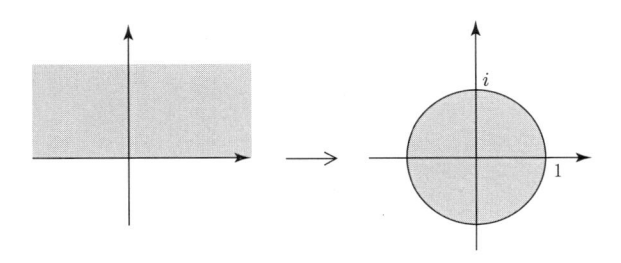

図 11.2 ケイリー変換

求める 1 次分数変換を

$$w = \frac{\alpha z + \beta}{\gamma z + \delta}, \qquad \alpha\delta - \beta\gamma \neq 0$$

とする．境界が境界に対応しなければならないので，単位円は実軸の像でなければならない．したがって $x \in \mathbf{R}$ に対して

$$1 = |w| = \left|\frac{\alpha x + \beta}{\gamma x + \delta}\right| = \left|\frac{\alpha}{\gamma}\right| \left|\frac{x + \dfrac{\beta}{\alpha}}{x + \dfrac{\delta}{\gamma}}\right|$$

である．ここで $|x| \to \infty$ とすれば，$\left|\dfrac{\alpha}{\gamma}\right| = 1$ でなければならない．よって $\dfrac{\alpha}{\gamma} = e^{i\theta}$ とおくことができる．そして

$$\left|x + \frac{\beta}{\alpha}\right| = \left|x + \frac{\delta}{\gamma}\right|$$

であるから $-\dfrac{\beta}{\alpha}$ と $-\dfrac{\delta}{\gamma}$ はすべての実数 x からの距離が等しく，$\alpha\delta - \beta\gamma \neq 0$ であるから異なる数である．したがってこの2数は互いの共役複素数である．前者を λ とおけば，求める1次分数変換は

$$w = e^{i\theta} \frac{z - \lambda}{z - \bar{\lambda}} \tag{11.1}$$

となる．

逆に，任意の $\lambda \in \mathbf{C}$ に対して (11.1) を考えれば，$z \in \mathbf{R}$ のとき $|w| = 1$ であることは明らかである．$\operatorname{Im} \lambda > 0$ とすれば，$z = \lambda$ は $w = 0$ に写されるから (11.1) が $\mathcal{H}$ を D に写す．

とくに $e^{i\theta} = -1$, $\lambda = i$ とすれば，1次分数変換

$$w = -\frac{z - i}{z + i} \tag{11.2}$$

は

$$\operatorname{Im} w = \frac{w - \bar{w}}{2i} = \frac{2\operatorname{Re} z}{|z + i|^2}$$

となることにより，上半平面の右半分を単位円内の上半分に，左半分を下半分に写すことが分かる．

例 11.2 いま $w = f(z) = z^2$ とする．$f'(z) = 2z$ であるから，定理 11.1 より $z \neq 0$ のとき $f(z)$ は等角である．$z = 0$ のとき実軸の非負部分 $z = r \, (r \geqq 0)$ と，偏角 $\theta_0 \, (\neq 0)$ の半直線 $z = re^{i\theta_0} \, (r \geqq 0)$ のなす角は θ_0 であるが，$f(z)$ による像

のなす角は $2\theta_0$ であって等角ではない．

$a, b \in \mathbf{R}$ に対して $C_1(b)$ を直線 $z = x + ib$, $C_2(a)$ を直線 $z = a + iy$ とし，これらの $w = z^2$ による像をそれぞれ $\Gamma_1(b)$, $\Gamma_2(a)$ とする．

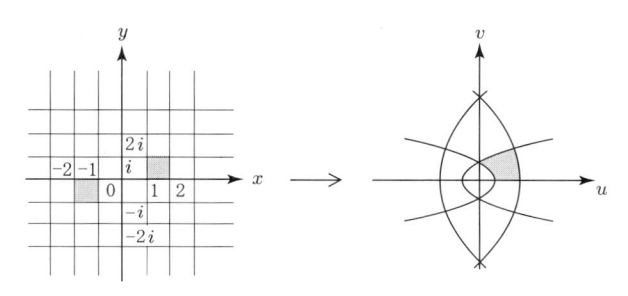

図 11.3　$w = z^2$

$$z^2 = x^2 - y^2 + 2ixy$$

より

$$u = x^2 - y^2, \quad v = 2xy$$

であるから

$$\Gamma_1(b) : u = \frac{v^2}{4b^2} - b^2, \quad \Gamma_2(a) : u = a^2 - \frac{v^2}{4a^2}$$

となりこれらは放物線である．$b = 0$ のとき $\Gamma_1(0)$ は実軸の非負部分の半直線で，$a = 0$ のとき $\Gamma_2(0)$ は原点と実軸の非正部分の半直線である．これらは図 11.3 のようになり，$\Gamma_1(b)$ と $\Gamma_2(a)$ は $a = b = 0$ ではないとき互いに直交する．

例 11.3　複素数平面上の開角領域 $E : 0 < \arg z < \pi/4$ を開単位円板 $D : |z| < 1$ に写像する等角写像を求めてみよう．

$t = g(z) = z^4$ とおけば，例 11.2 と同様に $z \neq 0$ で等角写像 (図 11.4) で，$\arg t = 4 \arg z$ であるから，g は E を上半平面 $\mathcal{H} : \operatorname{Im} t > 0$ の上に写す等角写像である．したがって (11.2) と組み合わせれば

$$w = -\frac{z^4 - i}{z^4 + i}$$

は求める写像となる． □

図 11.4 $w = -\dfrac{z^4 - i}{z^4 + i}$

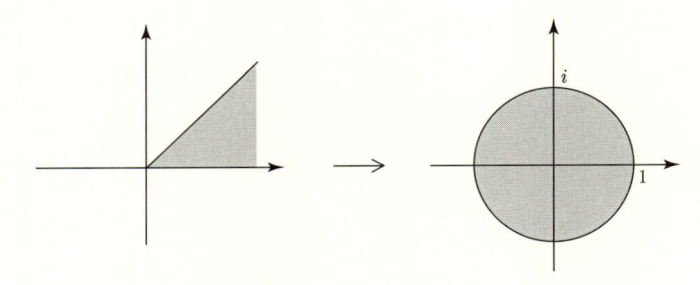

11.2 ジューコフスキー変換

写像
$$w = f(z) = \frac{1}{2}\left(z + \frac{1}{z}\right)$$
をジューコフスキー変換という．
$$f'(z) = \frac{1}{2}\left(1 - \frac{1}{z^2}\right)$$
であるから，臨界点は $z = \pm 1$ で $z \neq \pm 1$ のとき等角である．

ジューコフスキー

$w = u + iv$, $z = re^{i\theta}$ とすれば
$$w = \frac{1}{2}\left(r + \frac{1}{r}\right)\cos\theta + \frac{i}{2}\left(r - \frac{1}{r}\right)\sin\theta$$
より
$$u = \frac{1}{2}\left(r + \frac{1}{r}\right)\cos\theta, \quad v = \frac{1}{2}\left(r - \frac{1}{r}\right)\sin\theta \tag{11.3}$$
となる．$r \neq 1$ のとき，θ を消去すれば

$$\frac{u^2}{\frac{1}{4}\left(r+\frac{1}{r}\right)^2} + \frac{v^2}{\frac{1}{4}\left(r-\frac{1}{r}\right)^2} = 1 \tag{11.4}$$

であるから, z 平面の原点を中心とする円は w 平面の原点を中心とする楕円に写される (図 11.5).

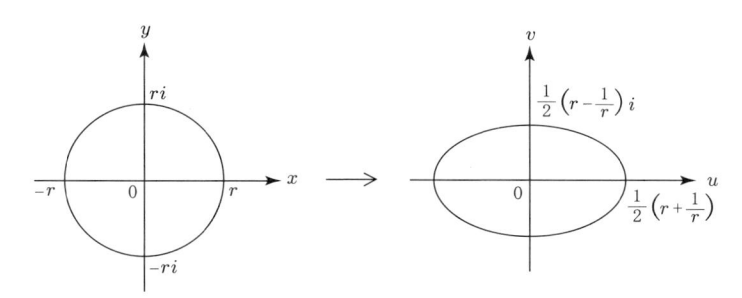

図 11.5 円のジューコフスキー変換による像

単位円 $r=1$ の像は

$$u = \cos\theta, \quad v = 0$$

であるから 1 と -1 を結ぶ実軸上の線分である.

次に, 原点 $z=0$ を通る直線は $\arg z = \theta = $ 一定 であるから (11.3) から r を消去してみる. $\theta \notin \frac{\pi}{2}\mathbf{Z}$ のとき

$$\frac{u^2}{\cos^2\theta} - \frac{v^2}{\sin^2\theta} = 1 \tag{11.5}$$

となって, これは原点を中心とする双曲線である. $r + \frac{1}{r}$ の最小値が 2 であるから, $\theta = n\pi$ となるときは実軸上の半直線で, n が偶数ならば $w = u\,(u \geq 1)$, n が奇数ならば $w = -u\,(u \geq 1)$ である. また $\theta = \left(n+\frac{1}{2}\right)\pi$ のときは虚軸である. (11.4) と (11.5) は必ず交わり直交している.

次に, 中心が実軸の正の部分にあり臨界点 $z=-1$ を通る円について見てみよう. 中心が $z=a$ としよう. 円は

$$|z-a| = a+1$$

であるから, $z = re^{i\theta}$ とすれば

$$(r\cos\theta - a)^2 + r^2\sin^2\theta = (a+1)^2$$

より
$$r^2 - 2ar\cos\theta = 1 - 2a \tag{11.6}$$
である．これは実軸に関して対称である．$\theta \neq (2n+1)\pi$ のとき $r > 1$ であるから (11.3) より $0 < \theta < \pi$ のとき $v > 0$ で，$\theta \to \pi$ のとき $w \to -1$ である．また $\theta = 0$ のとき $w = \dfrac{(a+1)^2 + 1}{a+1}$ である．

(11.6) の両辺を θ で微分すれば
$$\frac{dr}{d\theta} = -\frac{ar\sin\theta}{r - a\cos\theta}$$
で，$\theta \to -\pi$ のとき $r \to 1$ かつ $\dfrac{dr}{d\theta} \to 0$ となる．(11.3) より
$$\frac{du}{d\theta} = \frac{1}{2}\left(1 - \frac{1}{r^2}\right)\frac{dr}{d\theta}\cos\theta - \frac{1}{2}\left(r + \frac{1}{r}\right)\sin\theta,$$
$$\frac{dv}{d\theta} = \frac{1}{2}\left(1 + \frac{1}{r^2}\right)\frac{dr}{d\theta}\sin\theta + \frac{1}{2}\left(r - \frac{1}{r}\right)\cos\theta$$
であるから
$$\frac{dv}{du} = \frac{dv/d\theta}{du/d\theta} \to 0 \qquad (\theta \to 0)$$
となり，$\theta \to \pi - 0$ のとき接線は実軸に近づく．したがって対称性より $w = -1$ は尖点である．

$\theta \to 0$ のとき $\dfrac{dr}{d\theta} \to 0$ となるから $\dfrac{du}{d\theta} \to 0$ で，一方では
$$\lim_{\theta \to 0} \frac{dv}{d\theta} = \frac{a(a+2)}{2(a+1)} \neq 0$$
である．したがって
$$\lim_{\theta \to 0} \frac{dv}{du} = \infty$$
となり，$w = \dfrac{(a+1)^2 + 1}{a+1}$ における接線は虚軸に平行である．このことは $z = a+1$ における等角性からも分かる．

次に，円の中心を $z = a + ib \, (a, b > 0)$ を中心とする円をジューコフスキー変換で写す．すると像は図 11.7 のように対称性が破れ，飛行機の翼の切り口の図が得られる．ジューコフスキーは翼のまわりの空気の流れを等角写像で円の周りの空気の流れに変換して研究した．

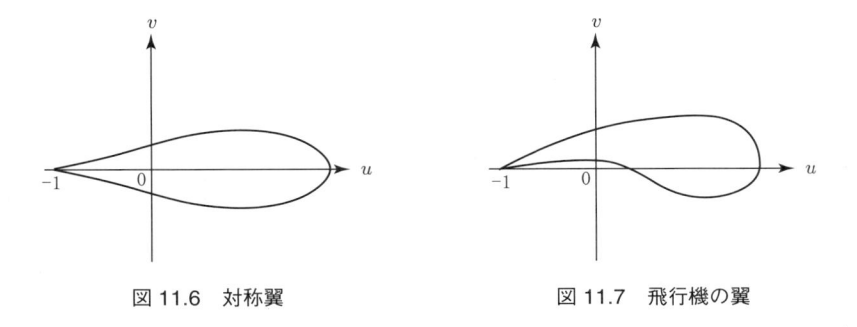

図 11.6　対称翼　　　　　　　　図 11.7　飛行機の翼

演習問題 11

1. 写像 $w = z^2$ による円 $x^2 + y^2 = a^2$ の像を求めよ．

2. 写像 $w = z^2$ によって z 平面上の正方形 $\{1 \leqq \mathrm{Re}\, z \leqq 2,\ 1 \leqq \mathrm{Im}\, z \leqq 2\}$ の w 平面における像を図示せよ．また同じ写像によって w 平面上の正方形 $\{1 \leqq \mathrm{Re}\, w \leqq 2,\ 1 \leqq \mathrm{Im}\, w \leqq 2\}$ に写される z 平面における図形を描け．

3. 写像 $w = e^z$ による z 平面上の長方形 $\left\{1 \leqq \mathrm{Re}\, z \leqq 2,\ 0 \leqq \mathrm{Im}\, z \leqq \dfrac{\pi}{3}\right\}$ の w 平面における像を図示せよ．

4. 写像 $w = \sin z$ によって z 平面の実軸に平行な直線，虚軸に平行な直線は，w 平面にそれぞれどのように写像されるか．

5. 写像 $w = \cos z$ によって z 平面の実軸に平行な直線，虚軸に平行な直線は，w 平面にそれぞれどのように写像されるか．

第12章 有理型関数

本章のキーワード
ローラン展開,孤立特異点,リーマンの定理,極,真性特異点,ワイエルシュトラスの定理,有理型関数,有理型関数列

第10章において正則関数の整級数展開を説明したが,本章では必ずしも正則ではない点を中心にした級数展開について述べる.それは整級数ではなく,負のべきももったローラン級数とよばれるものである.次に関数が正則ではない孤立特異点と,そこにおける関数の振る舞いについて説明する.さらに極以外に特異点をもたない関数,すなわち有理型関数を項とする級数の性質を調べる.

12.1 ローラン展開

定理 12.1 $0 \leqq R_1 < R_2 \leqq \infty$ とする.関数 $f(z)$ は円環領域 $D : R_1 < |z - z_0| < R_2$ で正則であるとする.そのとき $f(z)$ は一意的な無限級数展開

$$f(z) = \sum_{n=-\infty}^{\infty} c_n (z - z_0)^n \quad (z \in D) \tag{12.1}$$

をもつ.ここで係数 c_n は

$$c_n = \frac{1}{2\pi i} \int_{|\zeta - z_0| = r} \frac{f(\zeta)}{(\zeta - z_0)^{n+1}} d\zeta \quad (R_1 < r < R_2) \tag{12.2}$$

で与えられる.また級数は $R_1 < r_1 < r_2 < R_2$ を満たす任意の r_1, r_2 に対して閉領域 $r_1 \leqq |z - z_0| \leqq r_2$ において一様収束する.

級数 (12.1) の右辺を $f(z)$ の**ローラン級数**, 式 (12.1) を $f(z)$ の**ローラン展開**という. 負のべきの部分

$$\sum_{n=-\infty}^{-1} c_n(z-z_0)^n$$

をローラン展開の**主要部**という.

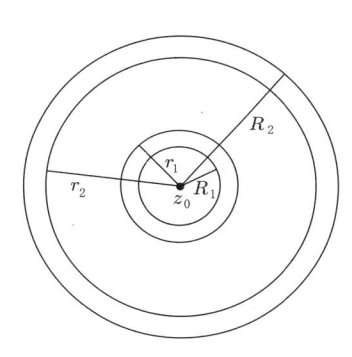

図 12.1 円環領域

証明 $z \in D$ をとし, $R_1 < r_1 < |z-z_0| < r_2 < R_2$ を満たす r_1, r_2 をとる. $f(z)$ は閉領域 $r_1 \leqq |z-z_0| \leqq r_2$ で正則であるから, 定理 9.4 より

$$f(z) = \frac{1}{2\pi i}\int_{|\zeta-z_0|=r_2}\frac{f(\zeta)}{\zeta-z}d\zeta - \frac{1}{2\pi i}\int_{|\zeta-z_0|=r_1}\frac{f(\zeta)}{\zeta-z}d\zeta$$

が成り立つ. 第 1 項を $\varphi(z)$, 第 2 項を $\psi(z)$ とおこう. $\varphi(z)$ は $|z-z_0| < r_2$ で正則であるから定理 10.1 により

$$\varphi(z) = \sum_{n=0}^{\infty}\frac{\varphi^{(n)}(z_0)}{n!}(z-z_0)^n$$

が成り立つ. $\varphi(z)$ の定義の被積分関数の z に関する偏導関数も連続であるから, 微分と積分の順序を交換すれば

$$\varphi^{(n)}(z_0) = \frac{n!}{2\pi i}\int_{|\zeta-z_0|=r_2}\frac{f(\zeta)}{(\zeta-z_0)^{n+1}}d\zeta$$

となる. 正則な範囲で積分路を変更すれば (12.2) の形になる. そして定理 4.10 より一様収束である.

次に $\psi(z)$ は $|z-z_0| > r_1$ で正則である.

$$Z = \frac{1}{z-z_0}, \quad W = \frac{1}{\zeta-z_0}, \quad \Psi(Z) = \psi(z)$$

と置き換えれば，$\Psi(Z)$ は $|Z| < 1/r_1$ で正則であり，ζ が円 $|\zeta - z_0| = r_1$ を正の向きに一周すれば，W は円 $|W| = 1/r_1$ を負の向きに一周する．

$$\frac{1}{\zeta - z} = \frac{1}{(\zeta - z_0) - (z - z_0)} = \frac{1}{\frac{1}{W} - \frac{1}{Z}} = \frac{-ZW}{W - Z}, \quad d\zeta = -\frac{dW}{W^2}$$

であるから，$F(W) = f(\zeta)$ とおいて

$$\Psi(Z) = \frac{1}{2\pi i} \int_{|W|=1/r_1} \frac{ZF(W)}{(W-Z)W} dW \qquad \left(|Z| < \frac{1}{r_1}\right)$$

が得られる．テイラー級数展開して

$$\Psi(Z) = \sum_{n=0}^{\infty} d_n Z^{n+1}, \quad d_n = \frac{1}{2\pi i} \int_{|W|=1/r_1} \frac{F(W)}{W^{n+1}} dW$$

を得る．変数を元に戻し $d_n = c_{-n-1}$ とおけば

$$\psi(z) = \sum_{n=-\infty}^{-1} c_n (z - z_0)^n,$$

$$c_{-n} = \frac{1}{2\pi i} \int_{|\zeta - z_0|=r_1} \frac{f(\zeta)}{(\zeta - z_0)^{-n+1}} d\zeta$$

となり，積分路を $|z - z_0| = r$ に変更しても同じであるから求める式が得られる．

$0 < \varepsilon < \min\{R_2 - r_2, r_1 - R_1\}$ となるような ε をとる．$r_1 - \varepsilon \leqq |z - z_0| \leqq r_2 + \varepsilon$ で $|f(z)| \leqq M$ とする．$n \geqq 0$ のとき

$$|c_n| = \left| \frac{1}{2\pi i} \int_{|\zeta - z_0| = r_2 + \varepsilon} \frac{f(\zeta)}{(\zeta - z_0)^{n+1}} d\zeta \right|$$

$$\leqq \frac{1}{2\pi} \int_0^{2\pi} \frac{M}{(r_2 + \varepsilon)^{n+1}} (r_2 + \varepsilon) d\theta = \frac{M}{(r_2 + \varepsilon)^n}$$

である．したがって $|z - z_0| \leqq r_2$ ならば

$$\sum_{n=0}^{\infty} |c_n (z - z_0)^n| \leqq M \sum_{n=0}^{\infty} \left(\frac{r_2}{r_2 + \varepsilon}\right)^n < \infty$$

となるから，$|z - z_0| \leqq r_2$ において絶対一様収束である．

$n < 0$ のとき

$$|c_n| = \left| \frac{1}{2\pi i} \int_{|\zeta - z_0| = r_1 - \varepsilon} \frac{f(\zeta)}{(\zeta - z_0)^{n+1}} d\zeta \right|$$

$$\leqq \frac{1}{2\pi} \int_0^{2\pi} \frac{M}{(r_1 - \varepsilon)^{n+1}} (r_1 - \varepsilon) d\theta = \frac{M}{(r_1 - \varepsilon)^n}$$

であるから，$|z-z_0| \geqq r_1$ ならば
$$\sum_{n=-\infty}^{-1} \left| \frac{c_n}{(z-z_0)^n} \right| \leqq M \sum_{n=-\infty}^{-1} \left(\frac{r_1}{r_1-\varepsilon} \right)^n < \infty$$
となって $|z-z_0| \geqq r_1$ において絶対一様収束する．したがってローラン級数は $r_1 \leqq |z-z_0| \leqq r_2$ において絶対一様収束する．

$m, n \in \boldsymbol{Z}$ のとき
$$\int_{|z-z_0|=r} (z-z_0)^n \overline{(z-z_0)^m} dz = r^{m+n+1} \int_0^{2\pi} e^{i(n-m)\theta} d\theta$$
$$= \begin{cases} 0 & (n \neq m) \\ 2\pi r^{2n+1} & (n = m) \end{cases}$$

であるから，(12.1) の両辺に $\overline{(z-z_0)^m}$ を掛けて，一様収束であることを用いて項別積分すれば c_m の項だけ残り，$f(z)$ によって一意的に定まることが分かる．∎

12.2 孤立特異点

関数 $f(z)$ が正則でない点を f の**特異点**という．特異点の中でも，見かけ上だけの特異点もある．例えば
$$f(z) = \frac{z^2}{z}$$
は $z \neq 0$ のときは $f(z) = z$ で正則であるが，$z=0$ では定義されていないので正則とはいえず特異点である．しかし $f(0) = 0$ と定義すれば，$f(z)$ は全平面で正則になる．このような見かけ上だけの特異点を**除去可能な特異点**という．関数
$$f(z) = \frac{\sin z}{z}$$
に対して $z=0$ は除去可能な特異点である．

とくに，関数 $f(z)$ が点 z_0 を除いて z_0 のある近傍 $U_R(z_0)$ で正則であって z_0 では正則ではないとき，z_0 を $f(z)$ の**孤立特異点**という．そのとき $f(z)$ は $0 < |z-z_0| < R$ でローラン展開される．
$$f(z) = \sum_{n=-\infty}^{\infty} c_n (z-z_0)^n, \quad 0 < |z-z_0| < R.$$
そして主要部

$$\sum_{n=-\infty}^{-1} c_n(z-z_0)^n$$

が 0 のときは $f(z_0) = c_0$ と改めて定義すれば，$z = z_0$ でも正則であるから，z_0 は除去可能な特異点である．

> **定理 12.2（リーマンの定理）** 関数 $f(z)$ が $0 < |z - z_0| < R$ で正則かつ有界ならば，z_0 は $f(z)$ の除去可能な特異点である．

証明 $0 < |z - z_0| < R$ で $|f(z)| \leq M$ とする．(12.2) より $0 < r < R$ に対して

$$|c_{-n}| = \left| \frac{1}{2\pi i} \int_{|z-z_0|=r} f(z)(z-z_0)^{n-1} dz \right| \leq M r^n \quad (n = 1, 2, \cdots)$$

となるから，$r \to 0$ とすれば $c_{-n} = 0 \ (n = 1, 2, \cdots)$，すなわち主要部が 0 である．したがって z_0 は $f(z)$ の除去可能な特異点である． ∎

主要部が有限項のとき，すなわち $c_{-k} \neq 0, c_{-n} = 0 \ (n = k+1, k+2, \cdots)$ となる正の整数 k があるとき，z_0 を $f(z)$ の **k 位の極**であるという．そのときローラン展開は

$$f(z) = \sum_{n=-k}^{\infty} c_n(z-z_0)^n \quad (c_{-k} \neq 0, \ 0 < |z-z_0| < R)$$

であるから，

$$g(z) = \sum_{n=0}^{\infty} c_{n-k}(z-z_0)^n$$

とおけば，$g(z)$ は $|z - z_0| < R$ で正則であり，$g(z_0) = c_{-k} \neq 0$ を満たし

$$f(z) = (z-z_0)^{-k} g(z)$$

が成り立つ．そして極 z_0 では

$$\lim_{z \to z_0} f(z) = \infty$$

となる．

逆に $f(z)$ が $0 < |z - z_0| < R$ で正則であって

$$\lim_{z \to z_0} f(z) = \infty$$

とする．すると $f(z)$ は $z = z_0$ の z_0 を除く近くで 0 ではない．したがって $g(z) = 1/f(z)$ は $z = z_0$ の近くで正則で有界であるから，z_0 は除去可能な特異点である．$g(z_0) = 0$ として正則に拡張すれば，z_0 は零点で

$$g(z) = (z - z_0)^k \varphi(z), \qquad \varphi(z_0) \neq 0$$

となる正の整数 k と正則関数 $\varphi(z)$ がある．すると $\psi(z) = \dfrac{1}{\varphi(z)}$ とおいて

$$f(z) = \frac{\psi(z)}{(z - z_0)^k}$$

と表される．$\psi(z)$ は正則で $\psi(z_0) \neq 0$ である．したがって z_0 は $f(z)$ の k 位の極である． ∎

補題 12.1 関数 $f(z)$ は $0 < |z - z_0| < R$ で正則であって，定数ではないとする．点 z_0 が $f(z)$ の除去できる特異点または極であるための必要十分条件は

$$h > a \text{ ならば} \quad \lim_{z \to z_0} |z - z_0|^h |f(z)| = 0 \qquad (12.3)$$

であること，または

$$h < a \text{ ならば} \quad \lim_{z \to z_0} |z - z_0|^h |f(z)| = \infty \qquad (12.4)$$

となる実数 a があることである．

証明 点 z_0 が除去できる特異点のとき $f(z_0) = \lim_{z \to z_0} f(z)$ とすれば，$f(z)$ は z_0 のある近傍 $|z - z_0| < R$ で正則である．$f(z_0) \neq 0$ のときは，$a = 0$ として (12.3), (12.4) が成り立つ．z_0 が k 位の零点ならば，$a = -k$ として成り立つ．z_0 が k 位の極のときは，$a = k$ として (12.3), (12.4) が成り立つ．

逆に (12.3) が成り立つ a があるとすると，$a < m$ なる整数をとれば

$$\lim_{z \to z_0} (z - z_0)^m f(z) = 0$$

が成り立つ．よって z_0 は $(z - z_0)^m f(z)$ の除去可能な特異点であって，$|z - z_0| < R$ で正則と考えられ，z_0 はその零点である．位数を k とすれば

$$(z - z_0)^m f(z) = (z - z_0)^k g(z), \quad g(z_0) \neq 0$$

となる正則関数 $g(z)$ がある．したがって $m \leqq k$ ならば z_0 は $f(z)$ の除去可能な特異点であり，$m > k$ ならば $(m-k$ 位の$)$ 極である．

次に (12.4) が成り立つ a があるとする．$m < a$ なる整数 m に対して
$$\lim_{z \to z_0} (z-z_0)^m f(z) = \infty$$
となる．したがって z_0 は $(z-z_0)^m f(z)$ の極である．その位数を k とすれば正則関数 $g(z)$ を用いて
$$(z-z_0)^m f(z) = \frac{g(z)}{(z-z_0)^k}$$
と表すことができる．ゆえに $m \leqq -k$ ならば z_0 は除去可能な特異点であり，$m > -k$ ならば極である． ∎

0 ではない $c_{-n}(n > 0)$ が無限個あるとき z_0 を $f(z)$ の**真性特異点**という．真性特異点 z_0 では，$z \to z_0$ のとき $f(z)$ は ∞ も込めて極限値をもたず，z_0 への近づき方によって $f(z)$ はどんな値にでも近づく．実際，次の定理が成立する．

定理 12.3（ワイエルシュトラスの定理） 任意の $\lambda \in \boldsymbol{C} \cup \{\infty\}$ に対して，z_0 に収束する点列 $\{z_n\}$ で
$$\lim_{n \to \infty} f(z_n) = \lambda$$
となるものがある．

証明 ある λ に対して，定理にいう点列がとれないと仮定してみる．適当な $\varepsilon > 0$ と $\delta > 0$ をとれば，$0 < |z-z_0| < \delta$ で $|f(z) - \lambda| \geqq \varepsilon$ となる．すると $a < 0$ のとき
$$\lim_{z \to z_0} |z-z_0|^a |f(z) - \lambda| = \infty$$
となるから，補題 12.1 より z_0 は $f(z) - \lambda$ の除去可能な特異点または極である．したがって $b > 0$ を十分大きくとれば，
$$0 = \lim_{z \to z_0} (z-z_0)^b (f(z) - \lambda) = \lim_{z \to z_0} (z-z_0)^b f(z) - \lim_{z \to z_0} (z-z_0)^b \lambda$$
$$= \lim_{z \to z_0} (z-z_0)^b f(z)$$
となる．これは z_0 が真性特異点であると仮定したことに反する．したがって定理

にいう点列が存在することになり，定理が証明された．∎

関数 $f(z)$ は，領域 D 内に極以外の特異点をもたないとき，D で**有理型**であるという．

例 12.1 $P(z)$ と $Q(z)$ を共通の零点をもたない多項式とする．そのとき有理関数 $f(z) = \dfrac{P(z)}{Q(z)}$ は $Q(z)$ の零点を極とする複素数平面全体での有理型関数である． □

関数 $f(z)$ が $R < |z| < \infty$ で正則なとき，定理 12.1 によって

$$f(z) = \sum_{n=-\infty}^{\infty} c_n z^n \tag{12.5}$$

とローラン展開できる．これを $f(z)$ の ∞ のまわりのローラン展開という．これは ∞ を孤立特異点として見ての言い方である．

$$g(z) = f\left(\frac{1}{z}\right)$$

とおけば，$g(z)$ は $0 < |z| < \dfrac{1}{R}$ で正則であって，$z = 0$ が $g(z)$ の除去可能な特異点，極，真性特異点に応じて ∞ は $f(z)$ の**除去可能な特異点，極，真性特異点**であるという．したがって ∞ は $\lim_{z \to \infty} f(z)$ が存在して有限ならば除去可能な特異点，$\lim_{z \to \infty} f(z) = \infty$ ならば極，$\lim_{z \to \infty} f(z)$ が存在しないならば真性特異点である．$g(z)$ の主要部に対応する

$$\sum_{n=1}^{\infty} c_n z^n$$

を (12.5) の**主要部**という．主要部が $\sum_{n=1}^{k} c_n z^n \ (c_k \neq 0)$ となるとき，∞ が k 位の極である．

例 12.2 k 次多項式に対して ∞ は k 位の極である．指数関数 e^z に対して ∞ は真性特異点である． □

12.3 有理型関数の級数

領域 D における有理型関数からなる関数列 $\{f_n(z)\}$ と D の部分集合 S に対して，級数

$$\sum_{n=1}^{\infty} f_n(z) \tag{12.6}$$

は，有限個の項を除いて $f_n(z)$ は S で正則で，正則なものからなる級数が S で一様収束するとき，集合 S で**一様収束**するという．また D の任意の有界閉集合で一様収束するとき，D で**広義一様収束**するという．その和は次のように定義される．$U \subset D$ をその閉包 $\overline{U}$ が有界で D に含まれる開集合とする．すると適当な n_0 をとれば，$\overline{U}$ において $f_1(z), \cdots, f_{n_0}(z)$ は有理型，$f_{n_0+1}(z), \cdots$ は正則となる．

$$g(z) = \sum_{n=1}^{n_0} f_n(z), \quad h(z) = \sum_{n=n_0+1}^{\infty} f_n(z)$$

とおけば，$g(z)$ は有理型，$h(z)$ は定理 10.8 によって正則関数の和として一様収束して正則となる．この和は U および n_0 のとり方によらず確定し，級数 (12.6) の和という．すると $h(z)$ は項別微分ができ，U において

$$f'(z) = \sum_{n=1}^{n_0} f'_n(z) + \sum_{n=n_0+1}^{\infty} f'_n(z)$$

が成り立つ．こうして次の定理が得られた．

定理 12.4 領域 D における有理型関数を項とする級数

$$\sum_{n=1}^{\infty} f_n(z)$$

が D で広義一様収束すれば，級数

$$\sum_{n=1}^{\infty} f'_n(z)$$

も D で広義一様収束し，

$$\left(\sum_{n=1}^{\infty} f_n(z) \right)' = \sum_{n=1}^{\infty} f'_n(z)$$

が成り立つ．

例 12.3 級数

$$\sum_{n=-\infty}^{\infty} \frac{1}{(z-n)^2}$$

は複素数平面全体で広義一様収束し，$n \in \mathbf{Z}$ は 2 位の極である．この和を $f(z)$ とおく．$f(z)$ は全平面で有理型で $f(z+1) = f(z)$，すなわち周期が 1 の周期関数である．一方，$\sin z$ の定義式より $\lim_{z \to 0} \frac{\sin z}{z} = 1$ であるから

$$\lim_{z \to n} \frac{\sin \pi z}{\pi(z-n)} = (-1)^n \lim_{z \to n} \frac{\sin \pi(z-n)}{\pi(z-n)} = (-1)^n$$

である．

$$g(z) = \frac{\pi^2}{\sin^2 \pi z}$$

とおけば $g(z)$ は $z = n \in \mathbf{Z}$ に 2 位の極をもち，周期が 1 の周期関数である．$z = n$ における $f(z)$ および $g(z)$ の主要部はいずれも $\frac{1}{(z-n)^2}$ である．$z = x + iy$ とすると $|\sin \pi z|^2 = \sin^2 \pi x + \sinh^2 \pi y$ であるから，$|y| \to \infty$ のとき $g(z) \to 0$．$f(z)$ も x を固定して $|y| \to \infty$ とすれば 0 に収束する．

$$\lim_{z \to n} f(z) = \lim_{z \to n} g(z)$$

であるから，$z \notin \mathbf{Z}$ のとき $h(z) = f(z) - g(z)$，$z \in \mathbf{Z}$ のとき $h(z) = 0$ と定義すれば，$h(z)$ は全平面で正則であり有界である．したがってリウヴィルの定理によって恒等的に 0 でなければならない．したがって

$$\frac{\pi^2}{\sin^2 \pi z} = \sum_{n \in \mathbf{Z}} \frac{1}{(z-n)^2}$$

が示された．

$$\frac{\pi^2}{\sin^2 \pi z} - \frac{1}{z^2} = \sum_{n \neq 0} \frac{1}{(z-n)^2}$$

は $z = 0$ で正則であるから，$z \to 0$ とすれば

$$\begin{aligned}
\text{左辺} &= \left(\frac{\pi z}{\sin \pi z}\right)^2 \frac{\pi^2 z^2 - \sin^2 \pi z}{\pi^2 z^4} \\
&= \left(\frac{\pi z}{\sin \pi z}\right)^2 \frac{\pi^2 z^2 - (\pi z - \pi^3 z^3/6 + O(z^5))^2}{\pi^2 z^4} \\
&= \left(\frac{\pi z}{\sin \pi z}\right)^2 \left(\frac{\pi^2}{3} + O(z^2)\right) \to \frac{\pi^2}{3},
\end{aligned}$$

$$\text{右辺} \to 2 \sum_{n=1}^{\infty} \frac{1}{n^2}.$$

このようにして

$$\sum_{n=1}^{\infty} \frac{1}{n^2} = \frac{\pi^2}{6}.$$

が得られた．

例 12.4

$$\left(-\frac{\pi}{\tan \pi z}\right)' = \frac{\pi^2}{\sin^2 \pi z}$$

より，

$$\pi \cot \pi z = \frac{1}{z} + \sum_{n=1}^{\infty} \frac{2z}{z^2 - n^2} \tag{12.7}$$

が得られる．実際，

$$f(z) = \frac{1}{z} + \sum_{n \neq 0} \left(\frac{1}{z-n} + \frac{1}{n}\right)$$

は全平面で有理型で，$z = n$ で1位の極をもち，有限個の n を除き広義一様収束である．例 12.3 より

$$f'(z) = -\frac{1}{z^2} - \sum_{n \neq 0} \frac{1}{(z-n)^2} = -\frac{\pi^2}{\sin^2 \pi z}$$

であるから，$f(z) - \pi \cot \pi z$ は定数となる．ところが $f(-z) = -f(z)$ であるから，この定数は 0 である．こうして (12.7) が示された． □

問 12.1

$$\frac{\pi}{\sin \pi z} = \frac{1}{z} + \sum_{n=1}^{\infty} \frac{(-1)^n 2z}{z^2 - n^2}$$

を示せ． □

広義一様収束性よりローラン展開の一意性が導かれる．

定理 12.5 級数

$$\sum_{n=-\infty}^{\infty} c_n (z - z_0)^n$$

が $0 \leq R_1 < R_2 \leq \infty$ とする環状領域 $D : R_1 < |z - z_0| < R_2$ で関数 $f(z)$ に収束するならば，この級数は D における z_0 を中心とする $f(z)$ のローラン級数展開に一致する．

証明 整級数部分
$$\sum_{n=0}^{\infty} c_n(z-z_0)^n$$
は $|z-z_0| < R_2$ で広義一様収束する．$n < 0$ の部分
$$\sum_{n=-\infty}^{-1} c_n(z-z_0)^n$$
は $Z = 1/(z-z_0)$ とおけば Z の整級数であり，$|Z| < R_1$ において，すなわち $|z-z_0| > R_1$ において広義一様収束する．ゆえに固定した整数 m に対して
$$\frac{f(\zeta)}{(\zeta-z_0)^{m+1}} = \sum_{n=-\infty}^{\infty} c_n(z-z_0)^{n-m-1}$$
は D で広義一様収束し，円 $|z-z_0| = r$ $(R_1 < r < R_2)$ 上で一様収束するから，定理 10.7 によって項別積分が可能である．したがって例 8.3 によって
$$\int_{|z-z_0|=r} \frac{f(\zeta)}{(\zeta-z_0)^{m+1}} d\zeta = 2\pi i c_m$$
となり，与えられた級数はローラン級数であることが分かる． ∎

演習問題 12

1. 関数 $f(z) = (z-2)\sin\left(\dfrac{1}{z+1}\right)$ の $z = -1$ を中心とするローラン展開を求めよ．

2. 関数 $f(z) = \dfrac{1}{z^2(z-2)^2}$ の $z = 2$ を中心とするローラン展開を求めよ．

3. 関数 $f(z) = \dfrac{1}{(z-1)(z-2)}$ を次の各領域においてローラン展開せよ．

  (1) $|z| < 1$ (2) $1 < |z| < 2$ (3) $2 < |z|$

4. $-1 < k < 1$ なる実数に対して $|z| > |k|$ において $\dfrac{1}{z-k}$ を展開することによって
$$\sum_{n=0}^{\infty} k^n \sin(n+1)\theta = \frac{\sin\theta}{1 - 2k\cos\theta + k^2}$$

$$\sum_{n=0}^{\infty} k^n \cos(n+1)\theta = \frac{\cos\theta - k}{1 - 2k\cos\theta + k^2}$$

を示せ.

5. 関数

$$f(z) = \exp\left(\frac{u}{2}\left(z - \frac{1}{z}\right)\right) \quad |z| > 0$$

のローラン展開は

$$\sum_{n=-\infty}^{\infty} c_n z^n, \quad \text{ただし} \quad c_n = \frac{1}{2\pi} \int_0^{2\pi} \cos(n\theta - u\sin\theta) d\theta$$

であることを示せ. この c_n を表す積分を u の関数として n 次のベッセル関数といい, $J_n(u)$ で表す.

ベッセル

第13章　留数定理

本章のキーワード
留数定理，偏角の原理，定積分の計算，フレネル積分

　これまで見たようにコーシーの複素関数論に対する貢献は非常に大きいものがある．彼が複素関数論を，特に複素積分を研究した目的の一つは実変数関数の定積分を計算するというものであった．本章では有理型関数の留数を定義し，それを用いて種々の積分を計算する．微分積分学の範囲では計算ができなかったり，困難であったものが鮮やかに計算できるのを目の当たりにできることであろう．

13.1　留数定理

　領域 D 内の単一閉曲線 C の内部も D の点だけからなるとし，関数 $f(z)$ は C の内部にある有限個の点 $\alpha_1, \cdots, \alpha_m$ を除いて正則であるとする．それぞれの α_j を中心とする小さい円 C_j を C の内部にあって，$C_1, \cdots, C_m$ は互いに他の外側にあるとする．するとコーシーの積分定理によって

$$\int_C f(z)dz = \sum_{j=1}^{m} \int_{C_j} f(z)dz$$

となる．定理 12.1 によれば α_j のまわりのローラン展開

$$\sum_{n=-\infty}^{\infty} c_n(z-\alpha_j)^n$$

の $n=-1$ の係数は

$$c_{-1} = \frac{1}{2\pi i} \int_{C_j} f(z)dz$$

である．c_{-1} を α_j における $f(z)$ の**留数**といい，$\mathrm{Res}\,(f:\alpha_j)$ によって表す．すると次の定理が得られたことになる．

> **定理 13.1（留数定理）** C を領域 D 内の単一閉曲線で C の内部は D の点だけからなるとし，関数 $f(z)$ は C の内部にある有限個の点 $\alpha_1, \cdots, \alpha_m$ を除いて正則であるとする．そのとき
> $$\int_C f(z)dz = 2\pi i \sum_{j=1}^{m} \mathrm{Res}\,(f:\alpha_j)$$
> が成り立つ．

特に点 α が $f(z)$ の k 位の極とすれば，α のまわりで
$$f(z) = \frac{c_{-k}}{(z-\alpha)^k} + \cdots + \frac{c_{-1}}{z-\alpha} + c_0 + c_1(z-\alpha) + \cdots$$
と表すことができる．両辺に $(z-\alpha)^k$ を掛けると，
$$(z-\alpha)^k f(z) = c_{-k} + c_{-k+1}(z-\alpha) + \cdots + c_{-1}(z-\alpha)^{k-1} + \cdots$$
となる．右辺を $k-1$ 回項別微分して
$$(k-1)!\,c_{-1} + k(k-1)\cdots 3\cdot 2 c_0(z-\alpha) + \cdots$$
$$+ (n+k)(n+k-1)\cdots(n+2)c_n(z-\alpha)^{n+1} + \cdots$$
が得られるから，$z \to \alpha$ とすれば次の定理が得られる．

> **定理 13.2** 関数 $f(z)$ が $z=\alpha$ を k 位の極としてもてば，
> $$\mathrm{Res}\,(f:\alpha) = \frac{1}{(k-1)!} \lim_{z\to\alpha} \frac{d^{k-1}}{dz^{k-1}}\{(z-\alpha)^k f(z)\}$$
> が成り立つ．

関数 $f(z)$ が $z=\alpha$ を m 位の零点としてもち，$U_R(\alpha)$ において正則とする．因数定理により正則関数 $\varphi(z)$ で
$$f(z) = (z-\alpha)^m \varphi(z), \qquad \varphi(\alpha) \neq 0$$
となるものがある．
$$\frac{f'(z)}{f(z)} = \frac{m(z-\alpha)^{m-1}\varphi(z) + (z-\alpha)^m \varphi'(z)}{(z-\alpha)^m \varphi(z)} = \frac{m}{z-\alpha} + \frac{\varphi'(z)}{\varphi(z)}.$$

したがって $\dfrac{f'(z)}{f(z)}$ は α を 1 位の極とし,

$$\mathrm{Res}\left(\dfrac{f'}{f}:\alpha\right) = m$$

である.次に $z=\beta$ が $f(z)$ の l 位の極であるとすると,$\psi(z)=(z-\beta)^l f(z)$ は正則であり,$\psi(\beta)\neq 0$ である.上と同様に

$$\dfrac{f'(z)}{f(z)} = \dfrac{-l(z-\beta)^{-l-1}\psi(z)+(z-\beta)^{-l}\psi'(z)}{(z-\beta)^{-l}\psi(z)} = \dfrac{-l}{z-\beta} + \dfrac{\psi'(z)}{\psi(z)}$$

が得られ,$\dfrac{f'(z)}{f(z)}$ は β を 1 位の極とし,

$$\mathrm{Res}\left(\dfrac{f'}{f}:\beta\right) = -l$$

である.留数の定理より**偏角の原理**とよばれる次の定理を得る.

定理 13.3 領域 D の境界 ∂D が有限個の単一閉曲線からなるとし,関数 $f(z)$ は D で有理型,∂D では正則,∂D で零にはならないとする.そのとき

$$\dfrac{1}{2\pi i}\int_{\partial D} \dfrac{f'(z)}{f(z)} dz = N - P$$

が成り立つ.ここで N と P はそれぞれ $f(z)$ の D 内における零点の数と極の数をその位数も込めて数えたものである.

13.2 定積分の計算

1. 定積分 $\quad I = \displaystyle\int_0^{2\pi} R(\cos\theta, \sin\theta)d\theta$

ただし,R は 2 変数有理関数で $R(\cos\theta,\sin\theta)$ がすべての $0\leqq\theta\leqq 2\pi$ に対して定義されているとする.$z=e^{i\theta}$ と変数変換すれば,$dz=ie^{i\theta}d\theta$ より

$$d\theta = \dfrac{dz}{iz}$$

であり,オイラーの公式より

$$\cos\theta = \dfrac{1}{2}\left(z+\dfrac{1}{z}\right),\quad \sin\theta = \dfrac{1}{2i}\left(z-\dfrac{1}{z}\right)$$

となる．積分路として単位円 $C = \{|z| = 1\}$ で反時計回りを正とする向きをもったものをとる．すると

$$I = \frac{1}{i} \int_C R\left(\frac{z^2+1}{2z}, \frac{z^2-1}{2iz}\right) \frac{1}{z} dz$$

となるから，

$$f(z) = R\left(\frac{z^2+1}{2z}, \frac{z^2-1}{2iz}\right) \frac{1}{z}$$

の C の内部にある極を $\alpha_1, \cdots, \alpha_m$ とすれば留数定理によって

$$I = 2\pi \sum_{j=1}^{m} \mathrm{Res}\,(f : \alpha_j)$$

となって，I の計算ができる．

例題 13.1 定積分 $I = \displaystyle\int_0^{2\pi} \frac{d\theta}{5 + 3\cos\theta}$ を求めよ．

解 $z = e^{i\theta}$ とおけば，$C : |z| = 1$ として

$$I = \frac{1}{i} \int_C \frac{2dz}{(3z+1)(z+3)}$$

となる．$f(z) = \dfrac{2}{(3z+1)(z+3)}$ の C の内部の極は $z = -\dfrac{1}{3}$ であるから，

$$I = 2\pi\,\mathrm{Res}\left(\frac{2}{(3z+1)(z+3)} : -\frac{1}{3}\right) = \left.\frac{4\pi}{3(z+3)}\right|_{z=-\frac{1}{3}} = \frac{\pi}{2}$$

となる． □

2. 定積分 $I = \displaystyle\int_{-\infty}^{\infty} \frac{P(x)}{Q(x)} dx$

ただし，$P(x), Q(x)$ は多項式で，

$$P(x) \text{ の次数} + 2 \leqq Q(x) \text{ の次数}$$

であって，$Q(z)$ は実軸上に零点をもたないとする．

$f(z) = P(z)/Q(z)$ とおく．$P(z), Q(z)$ の次数をそれぞれ l, m とし，$P(z) = a_l z^l + \cdots + a_0$, $Q(z) = b_m z^m + \cdots + b_0$ とすれば

$$\lim_{z \to \infty} |z^{m-l} f(z)| = \left|\frac{a_l}{b_m}\right|$$

である．$Q(z)$ の零点で上半平面 $(\mathrm{Im}\, z > 0)$ にあるものを $\alpha_1, \cdots, \alpha_n$ とする．$R > 0$ を $R > |\alpha_j|$ $(j = 1, \cdots, n)$ を満たすようにとり，$|z| \geqq R$ においては $|z^{m-l}f(z)| \leqq M$ であるとする．図のような積分路 $C = C_1 + C_2$ を考える．

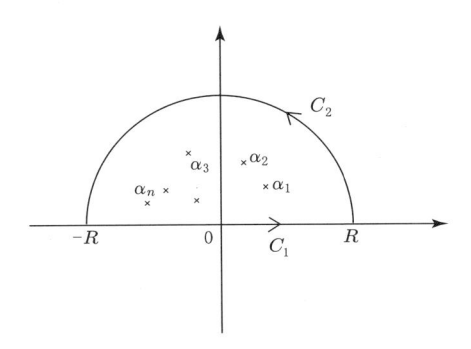

図 13.1　$P(x)/Q(x)$ の積分のための路

$$\left|\int_{C_2} f(z)dz\right| = \left|\int_0^\pi f(Re^{i\theta})iRe^{i\theta}d\theta\right| \leqq \frac{M\pi}{R^{m-l-1}}$$

となるから，$R \to \infty$ とすれば C_2 上の積分は 0 に収束する．したがって

$$\lim_{R\to\infty}\int_C f(z)dz = \lim_{R\to\infty}\int_{-R}^R f(x)dx = I$$

である．一方，留数定理より

$$\int_C f(z)dz = 2\pi i \sum_{k=1}^n \mathrm{Res}\,(f : \alpha_k)$$

であって，右辺は R に関係しないから，

$$I = 2\pi i \sum_{k=1}^n \mathrm{Res}\left(\frac{P}{Q} : \alpha_k\right)$$

が得られる．

例題 13.2　$a > 0, b > 0$ として定積分

$$I = \int_{-\infty}^\infty \frac{dx}{(x^2+a^2)(x^2+b^2)}$$

を求めよ．

解
$$f(z) = \frac{1}{(z^2+a^2)(z^2+b^2)}$$

とおく．$a \neq b$ のとき上半平面には二つの1位の極 ia と ib がある．それぞれにおける留数は

$$\mathrm{Res}\,(f:ia) = \frac{1}{2i\,(b^2-a^2)\,a}, \quad \mathrm{Res}\,(f:ib) = \frac{1}{2i\,(a^2-b^2)\,b}$$

である．したがって求める積分は

$$I = \frac{\pi}{ab(a+b)}.$$

$a = b$ のときは上半平面に2位の極 ia をもつ．定理 13.2 により

$$\mathrm{Res}\,(f:ia) = \lim_{z \to ia} \frac{d}{dz}\{(z-ia)^2 f(z)\} = \frac{1}{4ia^3}$$

となり，求める積分は

$$I = \frac{\pi}{2a^3}. \qquad \square$$

3. 定積分 $I(\lambda) = \displaystyle\int_{-\infty}^{\infty} \frac{P(x)}{Q(x)} \frac{\sin \lambda x}{x} dx \quad (\lambda \in \boldsymbol{R})$

ただし，$P(x), Q(x)$ は実係数の多項式で，

$$P(x) \text{ の次数} \leq Q(x) \text{ の次数}$$

であって，$Q(z)$ は実軸上に零点をもたないとする．

$I(0) = 0$, $I(-\lambda) = -I(\lambda)$ であるから $\lambda > 0$ と仮定しよう．

$$f(z) = \frac{P(z)}{Q(z)z} e^{i\lambda z}$$

とおく．$P(z), Q(z)$ の次数をそれぞれ l, m ($l \leq m$) とすれば，$|z| \geq R$ ならば $|P(z)/Q(z)| \leq M|z|^{l-m}$ と仮定できる．さらに R は図 13.2 の積分路 $C = C_1 + C_2 + C_3 + C_4$ が $Q(z)$ の上半平面における零点 $\alpha_1, \cdots, \alpha_n$ をすべてその内部に含むようにとる．すると不等式

$$\left| \int_{C_4} f(z) dz \right| \leq \frac{M}{R^{m-l}} \int_0^\pi e^{-\lambda R \sin \theta} d\theta$$

が成り立つ．$m > l$ ならば明らかに $R \to \infty$ のとき右辺は0に収束する．このことは $m = l$ のときも同じであることを見よう．それは

$$\int_0^\pi e^{-\lambda R \sin\theta} d\theta = 2\int_0^{\frac{\pi}{2}} e^{-\lambda R \sin\theta} d\theta$$

であり，$0 \leqq \theta \leqq \dfrac{\pi}{2}$ においては

$$\sin\theta \geqq \frac{2\theta}{\pi}$$

であるから，

$$\int_0^{\frac{\pi}{2}} e^{-\lambda R \sin\theta} d\theta \leqq \int_0^{\frac{\pi}{2}} e^{-\frac{2\lambda R}{\pi}\theta} d\theta = \frac{\pi}{2\lambda R}(1 - e^{-\lambda R}) \leqq \frac{\pi}{2\lambda R}$$

となるからである．ゆえに $f(z)$ の C_4 上の積分は $R \to \infty$ のとき 0 に収束する．

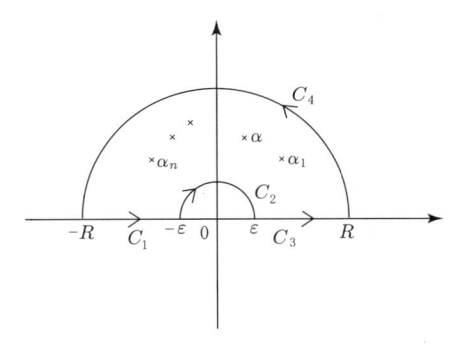

図 13.2　$\dfrac{P(x)}{Q(x)} \dfrac{\sin\lambda x}{x}$ の積分のための路

$z = 0$ は $f(z)$ の 1 位の極であるから，$f(z)$ が 0 の近くで

$$f(z) = \frac{P(0)}{Q(0)} \frac{1}{z} + \varphi(z)$$

と表される正則関数 $\varphi(z)$ がある．

$$\int_{C_2} \frac{1}{z} dz = -\int_0^\pi \frac{i\varepsilon e^{i\theta}}{\varepsilon e^{i\theta}} d\theta = -i\pi$$

である．一方，0 の近くで $|\varphi(z)| \leqq M$ とすれば

$$\left|\int_{C_2} \varphi(z) dz\right| \leqq M\pi\varepsilon$$

である．したがって，これは $\varepsilon \to 0$ のとき 0 に収束する．また

$$\int_C f(z) dz = 2\pi i \sum_{k=1}^n \mathrm{Res}\,(f(z) : \alpha_k)$$

であるから,

$$\lim_{R\to\infty,\,\varepsilon\to+0}\int_{\varepsilon\leqq|x|\leqq R}\frac{P(x)}{Q(x)}\frac{e^{i\lambda x}}{x}dx=i\pi\frac{P(0)}{Q(0)}+2\pi i\sum_{k=1}^{n}\mathrm{Res}\,(f(z):\alpha_k) \tag{13.1}$$

となる. (13.1) からその複素共役を引いて $2i$ で割れば

$$\lim_{R\to\infty,\,\epsilon\to+0}\int_{\epsilon\leqq|x|\leqq R}\frac{P(x)}{Q(x)}\frac{\sin\lambda x}{x}dx=\pi\frac{P(0)}{Q(0)}+2\pi\sum_{k=1}^{n}\mathrm{Re}\{\mathrm{Res}(f(z):\alpha_k)\}$$

となる. ここで $x\to 0$ のとき $(\sin x)/x \to 1$ であるから

$$I(\lambda)=\pi\frac{P(0)}{Q(0)}+2\pi\sum_{k=1}^{n}\mathrm{Re}\,\{\mathrm{Res}\,(f(z):\alpha_k)\}$$

となる.

例題 13.3 等式

$$\int_{-\infty}^{\infty}\frac{\sin x}{x}dx=\pi$$

を示せ.

解 定積分 3 において $P(x)=Q(x)=1$ ととればよい.

例題 13.4 積分

$$I=\int_{-\infty}^{\infty}\frac{x\sin x}{(1+x^2)^3}dx$$

を計算せよ.

解 $P(x)=x^2$, $Q(x)=(1+x^2)^3$ ととれば

$$f(z)=\frac{z}{(1+z^2)^3}e^{iz}$$

の上半平面における極は $x=i$ で 3 位である. ゆえに

$$\mathrm{Res}\,(f:i)=\frac{1}{2}\lim_{z\to i}\frac{d^2}{dz^2}\left(\frac{ze^{iz}}{(z+i)^3}\right)=\frac{1}{8e}$$

であるから

$$J=\int_{-\infty}^{\infty}\frac{xe^{ix}}{(x^2+1)^3}dx=\frac{\pi i}{4e}$$

が得られる. ゆえに

$$I = \operatorname{Im} J = \frac{\pi}{4e}.$$ □

4. フレネル積分

$$\int_0^\infty \cos(x^2)dx = \int_0^\infty \sin(x^2)dx = \frac{\sqrt{2\pi}}{4}$$

解

$$I = \int_0^\infty \cos(x^2)dx - i\int_0^\infty \sin(x^2)dx = \int_0^\infty e^{-ix^2}dx$$

とおく．$f(z) = e^{-z^2}$ とおいて，図の積分路 $C = C_1 + C_2 + C_3$ に沿って積分する．$f(z)$ は整関数であるから，コーシーの積分定理より

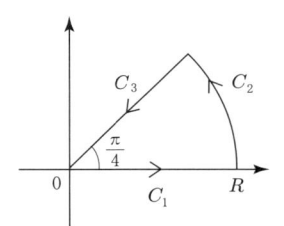

図 13.3 フレネル積分のための路

$$\int_C f(z)dz = 0$$

である．

$$\lim_{R \to \infty} \int_{C_1} f(z)dz = \int_0^\infty e^{-x^2}dx = \frac{\sqrt{\pi}}{2}$$

となる．C_3 に沿っては $z = e^{i\frac{\pi}{4}}t$ と変換すれば $(e^{i\frac{\pi}{4}})^2 = i$ であるから

$$\int_{C_3} f(z)dz = -e^{i\frac{\pi}{4}}\int_0^R e^{-it^2}dt \longrightarrow -e^{i\frac{\pi}{4}}I \quad (R \to \infty)$$

となる．C_2 に沿った積分は $R \to \infty$ のとき 0 に収束することを示そう．$z = Re^{it}$ とおく．すると

$$\left|\int_{C_2} f(z)dz\right| = \left|iR\int_0^{\frac{\pi}{4}} e^{-R^2(\cos 2t + i\sin 2t)}e^{it}dt\right|$$

$$\leq R\int_0^{\frac{\pi}{4}} e^{-R^2\cos 2t}dt$$

となる．ここで $\theta = \dfrac{\pi}{2} - 2t$ とおいて，不等式

$$0 \leq \theta \leq \frac{\pi}{2} \quad \text{のとき} \quad 0 \leq \frac{2}{\pi}\theta \leq \sin\theta$$

を使うと

$$\left|\int_{C_2} f(z)dz\right| \leq \frac{R}{2} \int_0^{\frac{\pi}{2}} e^{-R^2 \sin\theta} d\theta$$
$$\leq \frac{R}{2} \int_0^{\frac{\pi}{2}} e^{-\frac{2R^2}{\pi}\theta} d\theta = \frac{1}{\pi R}(1 - e^{-R^2}).$$

これは $R \to \infty$ とすれば 0 に収束する．したがって

$$I = \frac{\sqrt{\pi}}{2} e^{-i\frac{\pi}{4}} = \frac{\sqrt{2\pi}}{4}(1 - i)$$

となって，実部と虚部をそれぞれ比較すれば求める結果が得られる．

■ 演習問題 13 ■

留数の方法によって次の定積分を計算せよ．($1 \sim 6$)

1. $\displaystyle\int_0^{2\pi} \frac{d\theta}{\cos\theta + 2\sin\theta + 3}$

2. $\displaystyle\int_0^{2\pi} \frac{d\theta}{2\cos\theta + 3\sin\theta + 7}$

3. $\displaystyle\int_{-\infty}^{\infty} \frac{dx}{x^4 + a^4} \quad (a > 0)$

4. $\displaystyle\int_0^{\infty} \frac{\cos x}{(x^2 + 1)^2} dx$

5. $\displaystyle\int_{-\infty}^{\infty} \frac{dx}{(1 + x^2)^3}$

6. $\displaystyle\int_0^{\infty} \frac{dx}{1 + x^6}$

与えられた曲線 C 上で次の積分を計算せよ．($7 \sim 10$)

7. $\displaystyle\int_C e^{-\frac{1}{z}} \sin\frac{1}{z} dz \quad C : |z| = 1$

8. $\displaystyle\int_C \frac{2+3\sin(\pi z)}{z(z-1)^2}dz$

   C : 4 点 $3+3i$, $-3+3i$, $-3-3i$, $3-3i$ からなる正方形

9. $\displaystyle\int_C \frac{dz}{(z^2-1)(z^3-1)}$　　$C : |z| = R,\ R > 1$

10. $\displaystyle\frac{1}{2\pi i}\int_C \frac{ze^{tz}}{(z^2+1)^2}dz$　$(t \in \boldsymbol{R})$　　$C : |z| = R,\ R > 1$

第14章 フーリエ級数と調和関数

> **本章のキーワード**
> フーリエ級数,フーリエ展開,ラプラスの方程式,調和関数,共役調和関数,境界値問題 (ディリクレ問題),ポアソン積分,ポアソン核,ポアソン変換

　本章と次章において,通常の複素関数論では扱われないフーリエ解析の中でも複素関数論に関連ある事項を取り上げる.正則関数の実部と虚部はラプラスの方程式の解となる調和関数である.境界で与えられた関数と一致し領域内で調和な関数を求める問題をディリクレ問題という.領域が開円板のときはフーリエ級数が威力を発揮する.

14.1　フーリエ級数

　複素数平面上の 0 を中心とする単位円周 T 上の点は $e^{i\theta}$ と書ける.したがって T 上の関数は周期 2π の周期関数と考えることができる.$f(x)$ を周期 2π の周期関数としよう.

$$a_n = \frac{1}{\pi} \int_{-\pi}^{\pi} f(x) \cos nx \, dx \quad (n = 0, 1, 2, \cdots),$$

$$b_n = \frac{1}{\pi} \int_{-\pi}^{\pi} f(x) \sin nx \, dx \quad (n = 1, 2, 3, \cdots)$$

を $f(x)$ の**フーリエ係数**という.フーリエ係数を用いた三角関数から作られた級数

$$\frac{a_0}{2} + \sum_{n=1}^{\infty} (a_n \cos nx + b_n \sin nx) \tag{14.1}$$

を $f(x)$ の**フーリエ級数**という.

　フーリエ級数は関数 $f(x)$ の性質が十分良いときは収束して $f(x)$ に等しくなる.フーリエは熱伝導の研究において周期が 2π のどんな関数 $f(x)$ も (14.1) の形の級

数として表されると考えた．しかし $f(x)$ が連続であると仮定しても，級数が収束するとは限らない．そのためにいろいろ収束の意味の拡張が行われ，収束問題は数学の発展の原動力の一つとなったものである．

一般には $f(x)$ のフーリエ級数が (14.1) であることを

$$f(x) \sim \frac{a_0}{2} + \sum_{n=1}^{\infty}(a_n \cos nx + b_n \sin nx)$$

と書き表す．特に $f(x)$ が偶関数であれば，$b_n = 0$ $(n = 1, 2, \cdots)$ であるから

$$f(x) \sim \frac{a_0}{2} + \sum_{n=1}^{\infty} a_n \cos nx$$

と**フーリエ余弦級数**になり，奇関数であれば，$a_n = 0$ $(n = 1, 2, \cdots)$ であるから**フーリエ正弦級数**

$$f(x) \sim \sum_{n=1}^{\infty} b_n \sin nx$$

になる．

フーリエ級数の収束に関する定理の中でも使いやすい定理を紹介しよう．関数 $f(x)$ が $x = x_0$ において不連続であって，右側極限値

$$f(x_0 + 0) = \lim_{x > x_0; x \to x_0} f(x)$$

および左側極限値

$$f(x_0 - 0) = \lim_{x < x_0; x \to x_0} f(x)$$

が存在するとき，$x = x_0$ は $f(x)$ の**第 1 種の不連続点**であるという．関数 $f(x)$ は実数全体 $(-\infty, \infty)$ の任意の有限部分区間において有限個の第 1 種の不連続点を除いて連続であるとき，$(-\infty, \infty)$ において**区分的に連続**であるという．また $f(x)$ は任意の有限部分区間において有限個の点を除いて微分可能で，$f(x)$ および導関数 $f'(x)$ が区分的に連続であるとき，**区分的に滑らか**であるという．

定理 14.1 周期 2π の関数 $f(x)$ が区分的に連続な連続関数であれば，$f(x)$ のフーリエ級数は $f(x)$ に絶対かつ一様に収束する．

区分的に滑らかであることだけを仮定すれば，そのフーリエ級数は連続点 x においては $f(x)$ に，不連続点 x においては

$$\frac{1}{2}\{f(x-0)+f(x-0)\}$$
に収束する.

例えば C^1 級関数のように,十分良い性質があればフーリエ級数は存在して
$$f(x) = \frac{a_0}{2} + \sum_{n=1}^{\infty}(a_n \cos nx + b_n \sin nx) \tag{14.2}$$
が成り立つ.これを $f(x)$ の**フーリエ級数展開**という.

オイラーの公式よりより得られる
$$\cos x = \frac{e^{ix}+e^{-ix}}{2}, \quad \sin x = \frac{e^{ix}-e^{-ix}}{2i}$$
より,$n>0$ のとき
$$a_n \cos nx + b_n \sin nx = \frac{a_n - ib_n}{2}e^{inx} + \frac{a_n + ib_n}{2}e^{-inx}$$
となる.
$$c_n = \frac{a_n - ib_n}{2}, \quad c_{-n} = \frac{a_{-n}+ib_{-n}}{2}, \quad c_0 = \frac{a_0}{2}$$
とおこう.すると
$$c_n = \frac{1}{2\pi}\int_{-\pi}^{\pi}f(x)e^{-inx}dx, \quad c_{-n} = \frac{1}{2\pi}\int_{-\pi}^{\pi}f(x)e^{inx}dx,$$
$$c_0 = \frac{1}{2\pi}\int_{-2\pi}^{\pi}f(x)dx$$
となる.したがって任意の整数 n に対して
$$c_n = \frac{1}{2\pi}\int_{-\pi}^{\pi}f(x)e^{-inx}dx \tag{14.3}$$
と表すことができ,フーリエ級数展開は
$$f(x) \sim \sum_{n=-\infty}^{\infty}c_n e^{inx} \tag{14.4}$$
と書き直すことができる.右辺を $f(x)$ の**複素形のフーリエ級数**という.c_n ($n=0,\pm 1,\pm 2,\cdots$) を $f(x)$ の**複素フーリエ係数**という.複素数を使うことによって a_n と b_n の2種類のフーリエ係数を c_n に統一できるのである.c_n が関数 f のフー

リエ係数であることを明示する必要があるときは，$c(f)_n$ あるいは $\widehat{f}(n)$ と表すことにしよう：

$$\widehat{f}(n) = \frac{1}{2\pi}\int_{-\pi}^{\pi} f(x)e^{-inx}dx, \tag{14.5}$$

$$f(x) = \sum_{n=-\infty}^{\infty} \widehat{f}(n)e^{inx}. \tag{14.6}$$

フーリエ係数の共役複素数をとれば

$$\overline{\widehat{f}(n)} = \widehat{\overline{f}}(-n)$$

であるから，特に $f(x)$ が実数値関数であれば

$$\overline{\widehat{f}(n)} = \widehat{f}(-n)$$

が成り立つ．

周期関数であれば，周期は 2π でなくても同じように扱うことができる．$f(x)$ の周期が $2L$ であれば

$$g(x) = f\left(\frac{Lx}{\pi}\right)$$

は

$$g(x+2\pi) = f\left(\frac{L(x+2\pi)}{\pi}\right) = f\left(\frac{Lx}{\pi} + 2L\right) = f\left(\frac{Lx}{\pi}\right) = g(x)$$

となり，周期が 2π である．(14.4),(14.3) を f の代わりに g を適用すれば

$$f\left(\frac{Lx}{\pi}\right) = \sum_{n=-\infty}^{\infty} c_n e^{inx}, \tag{14.7}$$

$$c_n = \frac{1}{2\pi}\int_{-\pi}^{\pi} f\left(\frac{Lx}{\pi}\right) e^{-inx}dx \tag{14.8}$$

となる．(14.7) において Lx/π を改めて x とおき，(14.8) の積分においても同じ置き換えの変数変換をすると，

$$f(x) = \sum_{n=-\infty}^{\infty} c_n e^{\frac{\pi inx}{L}}, \tag{14.9}$$

$$c_n = \frac{1}{2L}\int_{-L}^{L} f(x)e^{-\frac{\pi inx}{L}}dx \tag{14.10}$$

が得られる．

14.2 調和関数

正則関数 $f(z) = u(x,y) + iv(x,y)$ の u, v は何回でも偏微分可能で，偏微分係数は連続である．したがって微分の順序にはよらない．コーシー–リーマンの方程式 (5.6) の両辺を偏微分することによって

$$\frac{\partial^2 u}{\partial x^2} = \frac{\partial^2 v}{\partial x \partial y} = \frac{\partial^2 v}{\partial y \partial x} = -\frac{\partial^2 u}{\partial y^2} \tag{14.11}$$

となる．同様に

$$\frac{\partial^2 v}{\partial x^2} = -\frac{\partial^2 v}{\partial y^2} \tag{14.12}$$

が得られる．x, y の関数 F に対して微分作用素 Δ を

$$\Delta F = \frac{\partial^2 F}{\partial x^2} + \frac{\partial^2 F}{\partial y^2}$$

によって定義し，Δ を**ラプラス作用素**という．2階の微分方程式

$$\Delta F = 0$$

を**ラプラスの微分方程式**という．領域 D 上のラプラスの微分方程式を満たす C^2 級関数 F を，D 上の**調和関数である**，あるいは F は D で調和であるという．(14.11), (14.12) は正則関数 $f(z)$ の実部 u と虚部 v はともに調和関数であることを示している．ラプラスの微分方程式や調和関数は応用上もしばしば現れ，重要なものである．

ラプラス

二つの調和関数 P と Q がコーシー–リーマンの方程式

$$\frac{\partial P}{\partial x} = \frac{\partial Q}{\partial y}, \quad \frac{\partial P}{\partial y} = -\frac{\partial Q}{\partial x}$$

を満たすとき，Q を P の**共役調和関数**という．すぐに分かるように，Q が P の共役調和関数ならば，P は $-Q$ の共役調和関数である．

同じ領域で P の共役調和関数が二つあれば，その差を x で偏微分しても y で偏微分しても 0 であるから，定数である．

定理 14.2 開円板 $D: |z - z_0| < R$ 上の実調和関数 $u(x, y)$ に対して，$u(x, y)$ を実部とする正則関数 $f(z)$ が存在する．この $f(z)$ は純虚数定数の和を除いて一意的に定まる．

証明 $z = x + iy$ として

$$g(z) = \frac{\partial}{\partial x} u(x, y) - i \frac{\partial}{\partial y} u(x, y)$$

とおく．u は調和関数であるから

$$\frac{\partial}{\partial x}\left(\frac{\partial u}{\partial x}\right) = \frac{\partial}{\partial y}\left(-\frac{\partial u}{\partial y}\right)$$

であり，また微分の順序を交換すれば

$$\frac{\partial}{\partial y}\left(\frac{\partial u}{\partial x}\right) = -\frac{\partial}{\partial x}\left(-\frac{\partial u}{\partial y}\right)$$

となる．これらの 2 式は $\dfrac{\partial u}{\partial x}$ と $-\dfrac{\partial u}{\partial y}$ がコーシー–リーマンの方程式を満たすことを示している．したがって $g(z)$ は D で正則である．D が単連結であるから，定理 8.2 によって $g(z)$ は任意の $z_0 \in D$ に対して不定積分

$$f(z) = \int_{z_0}^{z} g(\zeta) d\zeta \tag{14.13}$$

をもつ．$f'(z) = g(z)$ であるから，定理 5.5 によって $f(z)$ は定数の和を除いて決まる．そこで (14.13) の右辺に定数 $u(x_0, y_0)$ を加えたものを改めて $f(z)$ としておく．ただし $z_0 = x_0 + iy_0$ である．積分路として z_0 から $x_0 + iy$ までの線分と $x_0 + iy$ から $z = x + iy$ までの線分からなる折れ線 C をとれば，$f(z)$ は正則で，

$$\mathrm{Re}\, f(z) = \int_C (u_x dx + u_y dy) + u(x_0, y_0)$$

$$= \int_{x_0}^{x} u_x(t, y)dt + \int_{y_0}^{y} u_y(x_0, t)dt + u(x_0, y_0)$$

$$= u(x, y) - u(x_0, y) + u(x_0, y) - u(x_0, y_0) + u(x_0 + y_0)$$

$$= u(x, y)$$

となる．このような関数 $f(z)$ が二つあれば，差が定数であり，実部が一致するから，差は純虚定数でなければならない． ∎

以下の本節では D は 0 を中心とする開単円板 $\{|z|<1\}$ とする．関数 $f(z)$ は D で正則で，$\boldsymbol{T} = \partial D = \{|z|=1\}$ で連続であるとしよう．

$$f(z) = \sum_{n=0}^{\infty} a_n z^n, \qquad |z| < 1$$

とテイラー展開しよう．$z = re^{i\theta}$ とすれば

$$f(re^{i\theta}) = \sum_{n=0}^{\infty} a_n r^n e^{in\theta}, \qquad 0 \leqq r < 1 \tag{14.14}$$

である．r を固定すれば θ に関して一様収束である．したがって各 r ごとの θ に関する複素フーリエ係数は $e^{-in\theta}/2\pi$ を掛けて積分すれば

$$\frac{1}{2\pi}\int_{-\pi}^{\pi} f(re^{i\theta})e^{-in\theta}d\theta = \begin{cases} a_n r^n & (n \geqq 0) \\ 0 & (n < 0) \end{cases} \tag{14.15}$$

が得られる．$f(z)$ を D の境界である単位円周 $\boldsymbol{T} = \partial D$ に制限し，θ の周期関数と考えて，その複素フーリエ係数を $\widehat{f}(n)$ と表そう．$f(z)$ は ∂D で連続であるから，(14.15) において $r \to 1-0$ とすれば

$$\widehat{f}(n) = \begin{cases} a_n & (n \geqq 0) \\ 0 & (n < 0) \end{cases}$$

となる．(14.14) に (14.15) を代入すると

$$f(re^{i\theta}) = \frac{1}{2\pi}\int_{-\pi}^{\pi} f(e^{it}) \sum_{n=0}^{\infty} r^n e^{in(\theta-t)} dt$$

$$= \frac{1}{2\pi}\int_{-\pi}^{\pi} f(e^{it}) \frac{1}{1-re^{i(\theta-t)}} dt \tag{14.16}$$

が得られる．

もし $f(z)$ が境界 ∂D をも含む領域で正則ならば，(14.16) はコーシーの積分公式から得られる．実際

$$f(re^{i\theta}) = \frac{1}{2\pi i}\int_{\partial D}\frac{f(\zeta)}{\zeta - re^{i\theta}}d\zeta = \frac{1}{2\pi}\int_{-\pi}^{\pi}f(e^{it})\frac{e^{it}}{e^{it}-re^{i\theta}}dt$$

$$= \frac{1}{2\pi}\int_{-\pi}^{\pi}f(e^{it})\frac{1}{1-re^{i(t-\theta)}}dt$$

となるからである．

(14.16) は正則関数の境界値による表示である．調和関数についても同様の表示が得られる．領域において一つの微分方程式を考え，境界で与えられた関数と一致するようなその微分方程式の解を求める問題を**ディリクレ問題**という．開円板におけるラプラスの微分方程式のディリクレ問題を考えよう．

$z = x+iy = re^{i\theta}$ のとき z の関数 u を $u(x,y) = u(z) = u(re^{i\theta})$ などと，そのときの都合のいい書き方をするものとする．関数 $u(x,y)$ を開単位円板 D において調和で，境界 ∂D で連続である実数値調和関数であるとする．すると D で正則な関数 $f(z)$ で $\text{Re } f(z) = u(x,y)$ $(z=x+iy)$ となるものがある．

$$f(z) = \sum_{n=0}^{\infty}a_n z^n$$

であれば，

$$u(z) = \frac{1}{2}(f(z)+\overline{f(z)}) = \text{Re } a_0 + \frac{1}{2}\left(\sum_{n=1}^{\infty}a_n z^n + \sum_{n=1}^{\infty}\overline{a_n}\,\overline{z}^n\right).$$

したがって

$$u(re^{i\theta}) = \text{Re } a_0 + \sum_{n=1}^{\infty}\frac{a_n r^n}{2}e^{in\theta} + \sum_{n=1}^{\infty}\frac{\overline{a_n}r^n}{2}e^{-in\theta} \qquad (14.17)$$

で，これは $u(re^{i\theta})$ の θ に関するフーリエ級数展開である．$u(e^{i\theta})$ は連続であるからその (複素) フーリエ係数は存在して

$$\widehat{u}(n) = \frac{1}{2\pi}\int_{-\pi}^{\pi}u(e^{i\theta})e^{-in\theta}d\theta = \lim_{r\to 1-0}\frac{1}{2\pi}\int_{-\pi}^{\pi}u(re^{i\theta})e^{-in\theta}d\theta$$

であるから[9]，(14.17) は

---

9) 正確にはルベーグ積分のルベーグの定理を用いて証明する．

$$u(re^{i\theta}) = \sum_{n=-\infty}^{\infty} \widehat{u}(n) r^{|n|} e^{in\theta}$$

となる．(14.16) と同様にして

$$\begin{aligned}
u(re^{i\theta}) &= \sum_{n=-\infty}^{\infty} \frac{1}{2\pi} \int_{-\pi}^{\pi} u(e^{it}) r^{|n|} e^{in(\theta-t)} dt \\
&= \frac{1}{2\pi} \int_{-\pi}^{\pi} u(e^{it}) \sum_{n=-\infty}^{\infty} r^{|n|} e^{in(\theta-t)} dt \\
&= \frac{1}{2\pi} \int_{-\pi}^{\pi} u(e^{it}) \frac{1-r^2}{1-2r\cos(\theta-t)+r^2} dt \quad (14.18)
\end{aligned}$$

が得られる．(14.18) を**ポアソン積分**という．

$$P(r, t) = \sum_{n=-\infty}^{\infty} r^{|n|} e^{int} = \frac{1-r^2}{1-2r\cos t + r^2}$$

とおいて，P を**ポアソン核**という．これを用いれば

$$u(re^{i\theta}) = \frac{1}{2\pi} \int_{-\pi}^{\pi} P(r, \theta-t) u(e^{it}) dt$$

と書き表すことができる．

考える円が単位円ではなく，もっと一般に半径 R の円で，$u(z) = u(x, y)$ が $|z| < R$ で調和，$|z| \leq R$ で連続であるときは，$u(Rz)$ を z の関数と考えれば単位円の場合に帰着される．こうして次の定理が得られた．

定理 14.3 関数 $u(z)$ が $|z| < R$ で調和，$|z| \leq R$ で連続であれば，$u(z)$ は境界 $|z| = R$ 上の値を用いて

$$u(re^{i\theta}) = \frac{1}{2\pi} \int_{-\pi}^{\pi} u(Re^{i\theta}) \frac{R^2 - r^2}{R^2 - 2Rr\cos(\theta-t) + r^2} dt$$

$$(0 \leq r < R) \quad (14.19)$$

とポアソン積分表示される．

(14.19) において $z = re^{i\theta}$, $\zeta = Re^{it}$ としてポアソン核を $P(\zeta, z)$ と表そう．

$$P(\zeta, z) = P(Re^{it}, re^{i\theta}) = \frac{R^2 - r^2}{R^2 - 2Rr\cos(\theta-t) + r^2} = \mathrm{Re}\left(\frac{\zeta+z}{\zeta-z}\right)$$

となることは簡単な計算で分かる．$\dfrac{\zeta+z}{\zeta-z}$ は z の関数として $|z|<R$ で正則であるから，その実部である $P(\zeta,z)$ は z の関数として $|z|<R$ で調和である．

$$P(\zeta,z) > 0$$

であるが，(14.19) において $u=1$ とすれば

$$\frac{1}{2\pi}\int_{-\pi}^{\pi} P(\zeta, re^{it})\, dt = 1$$

となる．

円の内部においてラプラスの方程式

$$\Delta u = 0$$

を満たし，境界上で与えられた関数 φ と一致するものを求めるというディリクレ問題に対する一つの答えは，次のシュヴァルツの定理である．

定理 14.4（シュヴァルツの定理） 円周 $|z|=R$ 上の積分可能な関数 $\varphi(z)$ に対して

$$u(re^{i\theta}) = \frac{1}{2\pi}\int_{-\pi}^{\pi} \varphi(Re^{\theta}) \frac{R^2 - r^2}{R^2 - 2Rr\cos(\theta - t) + r^2}\, dt$$

によって定義される関数 $u(z)$ は開円板 $|z|<R$ において調和である．$\varphi(z)$ が $z=Re^{i\theta_0}$ において連続なら

$$\lim_{r\to R-0} u(re^{i\theta_0}) = \varphi(Re^{i\theta_0})$$

となる．

定理の証明は省略するが，調和であることはポアソン核が調和であることから従う．

境界上の関数に対し領域内のラプラスの方程式あるいはその一般化の解を対応させる写像を**ポアソン変換**という．ポアソン積分は単位円に対するポアソン変換である．

演習問題 14

1. 関数 $f(x) = |x|$ $(-\pi \leqq x < \pi)$ のフーリエ級数を求めよ.

2. 関数 $f(x) = x$ $(-\pi \leqq x < \pi)$ のフーリエ級数を求めよ.

3. 関数 $f(x) = \cos^3 x$ の複素フーリエ級数を求めよ.

4. 次の関数 $u = u(x, y)$ は調和関数であることを示せ. またこの u を実部とする正則関数 $f(z) = u(x, y) + iv(x, y)$ を求めよ.

   (1) $u = x^2 - y^2$ (2) $u = x^3 - 3xy^2 + 2x$

5. $f(z)$ $(z = x + iy)$ が正則関数ならば

$$\Delta |f(z)|^2 = 4|f'(z)|^2$$

が成り立つことを示せ.

第15章　フーリエ変換とラプラス変換

本章のキーワード
フーリエ変換，フーリエ逆変換，ラプラス変換，常微分方程式の解法

周期的ではない関数に対しフーリエ展開に対応するのがフーリエ積分 (フーリエ逆変換) であり，フーリエ係数に対応するのがフーリエ変換である．実変数関数として定義されるフーリエ変換は関数の性質が良い場合は整関数として解析接続されるが，複素関数論との直接の関係は片側複素フーリエ変換ともいえるラプラス変換である．その微分方程式の解法への応用がミクシンスキーによる演算子法である．本章ではフーリエ変換とその逆変換を簡単に説明し，ラプラス変換を解説する．具体的な計算では留数定理も使われる．

15.1　フーリエ変換

前節では周期関数のフーリエ展開を見たが，周期的ではない関数についてはどのようになるだろうか．無限区間 $(-\infty, \infty)$ を区間 $[-L, L]$ の $L \to \infty$ の極限と考えることにする．(14.9) および (14.10) において

$$\xi_n = \frac{\pi n}{L}, \qquad \Delta \xi_n = \xi_n - \xi_{n-1} = \frac{\pi}{L}$$

と代入すれば (14.9) は次のようになる．

$$\begin{aligned}
f(x) &= \frac{1}{2\pi} \sum_{n=-\infty}^{\infty} 2L c_n e^{i\xi_n x} \Delta \xi_n \\
&= \frac{1}{2\pi} \sum_{n=-\infty}^{\infty} \left(\int_{-L}^{L} f(y) e^{-i\xi_n y} dy \right) e^{i\xi_n x} \Delta \xi_n.
\end{aligned} \qquad (15.1)$$

ここで $L \to \infty$ とすれば，中の積分は

$$F(\xi) = \int_{-\infty}^{\infty} f(y) e^{-i\xi y} dy$$

とおけば $F(\xi_n)$ に近づき,

$$\sum_{n=-\infty}^{\infty} F(\xi_n) e^{i\xi_n x} \Delta \xi_n$$

は $F(\xi)e^{i\xi x}$ の $(-\infty, \infty)$ におけるリーマン和である. $L \to \infty$ のとき $\Delta \xi_n \to 0$ で, 形式上

$$\int_{-\infty}^{\infty} F(\xi) e^{i\xi x} d\xi$$

に収束する. したがって (15.1) は

$$f(x) = \frac{1}{2\pi} \int_{-\infty}^{\infty} \left(\int_{-\infty}^{\infty} f(y) e^{-i\xi y} dy \right) e^{i\xi x} d\xi \tag{15.2}$$

になる.

この内側の積分 $F(\xi)$ を $\widehat{f}(\xi)$ あるいは $\mathcal{F}[f](\xi)$ と表して, ξ の関数 $\widehat{f} = \mathcal{F}[f]$ を関数 f の**フーリエ変換**という:

$$\widehat{f}(\xi) = \mathcal{F}[f](\xi) = \int_{-\infty}^{\infty} f(x) e^{-i\xi x} dx. \tag{15.3}$$

(15.2) は

$$f(x) = \frac{1}{2\pi} \int_{-\infty}^{\infty} \mathcal{F}[f](\xi) e^{i\xi x} d\xi \tag{15.4}$$

と書くことができる. この式はフーリエ変換 $\mathcal{F}[f]$ から元の関数 f が求まるという式で**フーリエ逆変換公式**という. そこで ξ の関数 g に対して

$$\mathcal{F}^{-1}[g](x) = \frac{1}{2\pi} \int_{-\infty}^{\infty} g(\xi) e^{i\xi x} d\xi$$

を g の**フーリエ逆変換**という. (15.4) は

$$\mathcal{F}^{-1} \mathcal{F}[f] = f$$

と書くことができる.

(15.3) が無限大周期関数のフーリエ係数であり, (15.4) がフーリエ展開に当たる.

すべての関数に対してフーリエ変換が存在し, フーリエ逆変換公式が成り立つわけではない.

$f(x)$ が区分的に連続で, **絶対積分可能**, すなわち

$$\int_{-\infty}^{\infty} |f(x)|dx < \infty$$

のとき，この左辺を $\|f\|_1$ と表して f の L^1 ノルムという．次の定理は定義より直ちに従う．

> **定理 15.1** $f(x)$ が $\boldsymbol{R}$ 上の区分的に連続で，絶対積分可能ならば，フーリエ変換 $\mathcal{F}[f](\xi)$ はすべての ξ に対して絶対収束し，
>
> $$|\mathcal{F}[f](\xi)| \leq \|f\|_1$$
>
> が成り立つ．

フーリエ級数の収束定理 (定理 14.1) に対応して，フーリエ変換に対しては次の収束定理が成立する．

> **定理 15.2** $f(x)$ が $\boldsymbol{R}$ 上の区分的に滑らかで絶対積分可能とすると，
>
> $$\frac{1}{2}\{f(x-0) + f(x+0)\} = \lim_{L \to \infty} \frac{1}{2\pi} \int_{-L}^{L} \widehat{f}(\xi) e^{i\xi x} d\xi \qquad (15.5)$$
>
> が成り立つ．

15.2 留数定理によるフーリエ変換の計算

留数定理を利用する定積分の計算の方法でフーリエ変換を計算してみよう．
$P(x)$, $Q(x)$ は多項式で，

$$P(x) \text{ の次数} + 2 \leq Q(x) \text{ の次数}$$

であって $Q(z)$ は実軸上に零点をもたないとする．$f(x) = P(x)/Q(x)$ のフーリエ変換を計算する．

$\xi < 0$ のとき $\operatorname{Im} z > 0$ に対しては $|e^{-i\xi z}| < 1$ であるから，**13.2.2** の定積分の $P(x)$ を $e^{-i\xi x} P(x)$ で置き換えても同じ結論が得られる．$\xi > 0$ のときは $Q(z)$ の下半平面 ($\operatorname{Im} z < 0$) における零点を考える．したがって $P(x)$, $Q(x)$ が **13.2.2** の多項式として，$Q(z)$ の上半平面における零点を $\alpha_1, \cdots, \alpha_n$，下半平面における

零点を $\beta_1, \cdots, \beta_m$ とすれば，$f(x) = P(x)/Q(x)$ のフーリエ変換は次のようになる．

$$\widehat{f}(\xi) = \begin{cases} 2\pi i \sum_{k=1}^{n} \text{Res}(e^{-i\xi z}f(z) : \alpha_k) & (\xi \leqq 0) \\ -2\pi i \sum_{k=1}^{m} \text{Res}(e^{-i\xi z}f(z) : \beta_k) & (\xi > 0). \end{cases}$$

$P(x)$ の次数 $= m$, $Q(x)$ の次数 $= m+1$ のときは $\xi = 0$ に対しては積分が絶対収束しない．しかし $\xi \neq 0$ のときは収束することが示される．実際，部分積分によって

$$\int_0^R \frac{P(x)}{Q(x)} e^{-i\xi x} dx$$

$$= \frac{i}{\xi} \left[\frac{P(x)}{Q(x)} e^{-i\xi x} \right]_0^R - \frac{i}{\xi} \int_0^R \frac{P'(x)Q(x) - P(x)Q'(x)}{Q(x)^2} e^{-i\xi x} dx$$

となる．右辺の積分において，$P'(x)Q(x) - P(x)Q'(x)$ の次数 $\leqq 2m$, $Q(x)^2$ の次数 $= 2m+2$ であるから，$R \to \infty$ のとき収束する．

$\xi < 0$ とする．$0 < \theta < \pi/2$ のとき $\sin\theta > 2\theta/\pi$ であることを用いて，図 13.1 の積分路 C_2 に沿っての積分は

$$\left| \int_{C_2} f(z) e^{-i\xi z} dz \right| = \left| \int_0^\pi f(Re^{i\theta}) e^{-i\xi Re^{i\theta}} iRe^{i\theta} d\theta \right|$$

$$\leqq \frac{M}{R^{m-\ell-1}} \int_0^\pi e^{R\xi \sin\theta} d\theta = 2 \frac{M}{R^{m-\ell-1}} \int_0^{\frac{\pi}{2}} e^{R\xi \sin\theta} d\theta$$

$$\leqq 2 \frac{M}{R^{m-\ell-1}} \int_0^{\frac{\pi}{2}} e^{2R\xi\theta/\pi} d\theta = \frac{M\pi}{R^{m-\ell}(-\xi)} (1 - e^{R\xi})$$

と評価でき，最後の項は $R \to \infty$ とすれば 0 に収束する．$\xi > 0$ のときも **13.2.2** と同様である．したがって $Q(z)$ の上半平面における零点を $\alpha_1, \cdots, \alpha_n$, 下半平面における零点を $\beta_1, \cdots, \beta_m$ とすれば $f(x) = P(x)/Q(x)$ のフーリエ変換は次のようになる．

$$\widehat{f}(\xi) = \begin{cases} 2\pi i \sum_{k=1}^{n} \text{Res}(e^{-i\xi z}f(z) : \alpha_k) & (\xi < 0) \\ -2\pi i \sum_{k=1}^{m} \text{Res}(e^{-i\xi z}f(z) : \beta_k) & (\xi > 0). \end{cases}$$

15.3 ラプラス変換の定義と収束

区間 $(0, \infty)$ で定義された区分的に連続な関数 $f(x)$ と，複素数 $s = \sigma + i\tau$ に対して積分

$$\int_0^\infty f(x)e^{-sx}dx = \lim_{T \to \infty} \int_0^T f(x)e^{-sx}dx$$

が収束するとき，この s の関数を $f(x)$ の**ラプラス変換**といい，$\mathcal{L}\{f\}(s)$ または $\mathcal{L}\{f(x)\}(s)$ で表す．

ラプラス

例 15.1 $f(x) = 1$ とすれば

$$\mathcal{L}\{1\}(s) = \int_0^\infty e^{-sx}dx = \lim_{T \to \infty} \int_0^T e^{-sx}dx$$
$$= \lim_{T \to \infty} \left[-\frac{1}{s}e^{-sx}\right]_0^T = \lim_{T \to \infty} \left(-\frac{e^{-sT}}{s} + \frac{1}{s}\right)$$

となるから，$\operatorname{Re} s > 0$ のとき極限値があって

$$\mathcal{L}\{1\}(s) = \frac{1}{s}.$$

例 15.2 $n \in \mathbf{R}\ (n > -1)$ とする．$\operatorname{Re} s > 0$ とすれば

$$\mathcal{L}\{x^n\}(s) = \int_0^\infty x^n e^{-sx}dx$$

は広義一様絶対収束し，したがって定理 10.9 によって $\mathcal{L}\{x^n\}(s)$ は $\operatorname{Re} s > 0$ において s の正則関数である．$s \in \mathbf{R}$, $s > 0$ のときは $sx = t$ として変数変換をすれば，ガンマ関数を用いて

$$\mathcal{L}\{x^n\}(s) = \frac{1}{s^{n+1}} \int_0^\infty t^n e^{-t} dt = \frac{\Gamma(n+1)}{s^{n+1}}$$

と表すことができる. $1/s^{n+1}$ は $\operatorname{Re} s > 0$ において正則であるから, 一致の定理によって $\operatorname{Re} s > 0$ なるすべての s に対して

$$\mathcal{L}\{x^n\}(s) = \frac{\Gamma(n+1)}{s^{n+1}}$$

である. 特に n が負でない整数のときは $\Gamma(n+1) = n!$ であるから

$$\mathcal{L}\{x^n\}(s) = \frac{n!}{s^{n+1}}$$

である. □

$\mathcal{L}\{f\}(s)$ の収束は s による. いま $s_0 = \sigma_0 + i\tau_0$ のとき $\mathcal{L}\{f\}(s_0)$ が収束するとしよう. $t > 0$ に対して

$$g(t) = \int_0^t f(x) e^{-s_0 x} dx$$

とおく. すると $g(t)$ は連続関数であり, $g(0) = 0$ で $\lim_{t \to \infty} g(t) = \mathcal{L}\{f\}(s_0)$ であるから, $0 \leqq t < \infty$ において有界である. したがって, $t > 0$ に無関係な定数 M があって

$$|g(t)| \leqq M$$

となる. $s = \sigma + i\tau \in \boldsymbol{C}$ が $\sigma > \sigma_0$ を満たすとする.

$$g'(x) = f(x) e^{-s_0 x}$$

を用いて部分積分すれば

$$\int_0^T f(x) e^{-sx} dx = \int_0^T e^{-(s-s_0)x} g'(x) dx$$
$$= e^{-(s-s_0)T} g(T) + (s - s_0) \int_0^T e^{-(s-s_0)x} g(x) dx$$

となる.

$$|e^{-(s-s_0)T} g(T)| \leqq M e^{-(\sigma-\sigma_0)T}$$

より, 第 1 項は $T \to \infty$ のとき 0 に収束する. 第 2 項は

$$\left| \int_0^T e^{-(s-s_0)x} g(x) dx \right| \leqq \int_0^T |e^{-(s-s_0)x} g(x)| dx$$

$$\leqq M \int_0^T e^{-(\sigma-\sigma_0)x} dx = \frac{M}{\sigma-\sigma_0}(1 - e^{-(\sigma-\sigma_0)T})$$
$$\to \frac{M}{\sigma-\sigma_0} \quad (T \to \infty)$$

となり収束する．こうして次の定理が得られた．

定理 15.3 区分的に連続な関数 $f(x)$ のラプラス変換
$$\mathcal{L}\{f\}(s) = \int_0^\infty f(x)e^{-sx} dx$$
が $s_0 \in \boldsymbol{C}$ で収束すれば，$\mathrm{Re}\, s > \mathrm{Re}\, s_0$ なるすべての $s \in \boldsymbol{C}$ で収束する．

この定理より，ある s_0 で発散すれば，$\mathrm{Re}\, s < \mathrm{Re}\, s_0$ となる s で発散する．したがって次の定理が成り立つ．

定理 15.4 区分的に連続な関数 $f(x)$ のラプラス変換 $\mathcal{L}\{f\}(s)$ に対して次の (1) 〜 (3) のいずれか一つが生じる．
  (1) $\mathcal{L}\{f\}(s)$ がすべての $s \in \boldsymbol{C}$ で発散する．
  (2) $\mathcal{L}\{f\}(s)$ がすべての $s \in \boldsymbol{C}$ で収束する．
  (3) ある $\sigma_0 \in \boldsymbol{R}$ があって，$\mathcal{L}\{f\}(s)$ が $\mathrm{Re}\, s > \sigma_0$ で収束し，$\mathrm{Re}\, s < \sigma_0$ で発散する．

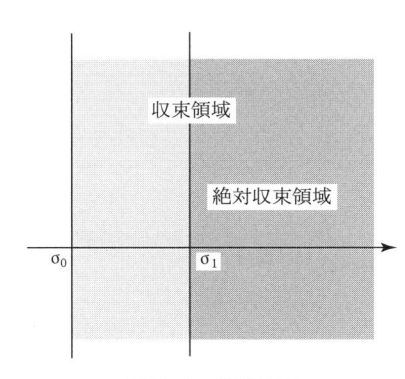

図 15.1　収束座標

(3) の σ_0 をラプラス変換 $\mathcal{L}\{f\}(s)$ の**収束座標**という.(1) の場合は $\sigma_0 = \infty$,(2) の場合は $\sigma_0 = -\infty$ と考えることにする.

またラプラス変換が絶対収束する,すなわち

$$\int_0^\infty |f(x)e^{-sx}|dx < +\infty$$

となる s に対して,$\mathrm{Re}\, s$ の下限 σ_1 を $f(x)$ のラプラス変換の**絶対収束座標**という.複素平面上の領域 $\mathrm{Re}\, s > \sigma_1$ を,ラプラス変換の**絶対収束領域**という.一般に $\sigma_0 \leqq \sigma_1$ である.

収束座標を求める一般的な方法はない.次の条件を満たす $0 \leqq x < \infty$ において区分的に連続な関数 $f(x)$ を考える:定数 $T > 0$, $M > 0$, $a(\in \mathbf{R})$ が存在して,すべての $x > T$ に対して

$$|f(x)| \leqq Me^{ax} \tag{15.6}$$

となる.すると $\sigma > a$ となる σ に対して

$$\int_T^\infty |f(x)|e^{-\sigma x}dx \leqq M\int_T^\infty e^{-(\sigma-a)x}dx = \frac{Me^{-(\sigma-a)T}}{\sigma - a}$$

となるから,

$$\int_0^\infty |f(x)|e^{-\sigma x}dx < \infty$$

である.したがって $\mathrm{Re}\, s > a$ となる s に対して,$f(x)$ のラプラス変換は絶対収束する.しかも,$\mathrm{Re}\, s = \sigma$ として

$$|\mathcal{L}\{f\}(s)| \leqq \frac{M}{\sigma - a}$$

であるから,$\sigma \to \infty$ のとき $\mathcal{L}\{f\}(s) \to 0$ が得られる.(15.6) が成り立つとき,関数 $f(x)$ は**指数 a 型**といわれる.また $f(x)$ は適当な a に対して指数 a 型のとき,単に**指数位数**という.ここまでの結果を定理としてまとめておこう.

定理 15.5 関数 $f(x)$ が $[0, \infty)$ において区分的に連続であって指数 a 型ならば,そのラプラス変換 $\mathcal{L}\{f\}(s)$ は存在し,絶対収束座標 σ_1 は $\sigma_1 \leqq a$ を満たす.さらに

$$\lim_{\mathrm{Re}\, s \to +\infty} \mathcal{L}\{f\}(s) = 0$$

が成り立つ.

とくに，$a=0$ のときを考えれば次の系が得られる．

> **系 15.1** 関数 $f(x)$ が $(0, +\infty)$ で有界ならば，そのラプラス変換は $\mathrm{Re}\, s > 0$ において絶対収束する．

関数 $f(x)$ が $[0, \infty)$ において区分的に連続で，指数 a 型であるとする．そのとき $x_0 \geqq 0$ を一つの非負実数として
$$g(x) = \int_{x_0}^{x} f(t)dt$$
とおく．$g(x)$ は連続関数であるが，$f(x)$ が $x > T$ に対して (15.6) を満たしていれば，$x > \max\{T, x_0\}$ のとき
$$|g(x)| \leqq M \int_{x_0}^{x} e^{at} dt = \frac{M}{a}(1 - e^{-a(x-x_0)})e^{ax} \leqq \frac{M}{a} e^{ax}$$
となり，$g(x)$ も指数 a 型である．

例 15.3 $\alpha \in \boldsymbol{C}$ とする．$\mathrm{Re}\, s > \mathrm{Re}\, \alpha$ に対して
$$\mathcal{L}\{e^{\alpha x}\}(s) = \int_0^{\infty} e^{-(s-\alpha)x} dx = \frac{1}{s-\alpha}$$
が成り立つ．証明は，$s - \alpha \in \boldsymbol{R}$ のときこの式が成り立つことと，両辺が $\mathrm{Re}(s-\alpha) > 0$ での正則性から一致の定理による． □

15.4 ラプラス変換の性質

積分の性質より次の定理は直ちに得られる．

> **定理 15.6** 関数 $f(x), g(x)$ のラプラス変換 $\mathcal{L}\{f\}(s), \mathcal{L}\{g\}(s)$ が存在すれば，k を定数として
> (1) $\mathcal{L}\{f \pm g\}(s) = \mathcal{L}\{f\}(s) \pm \mathcal{L}\{g\}(s)$.
> (2) $\mathcal{L}\{kf\}(s) = k\mathcal{L}\{f\}(s)$.

すなわちラプラス変換は線形写像である．

いくつかの関数のラプラス変換を計算しよう．

1. $\cos ax$, $\sin ax$

Re $s > 0$ とする．
$$\mathcal{L}\{\cos ax\}(s) = \mathcal{L}\left\{\frac{e^{iax} + e^{-iax}}{2}\right\}(s) = \frac{\mathcal{L}\{e^{iax}\}(s) + \mathcal{L}\{e^{-iax}\}(s)}{2}$$
$$= \frac{1}{2}\left(\frac{1}{s-ia} + \frac{1}{s+ia}\right) = \frac{s}{s^2 + a^2},$$
$$\mathcal{L}\{\sin ax\}(s) = \mathcal{L}\left\{\frac{e^{iax} - e^{-iax}}{2i}\right\}(s) = \frac{\mathcal{L}\{e^{iax}\}(s) - \mathcal{L}\{e^{-iax}\}(s)}{2i}$$
$$= \frac{1}{2i}\left(\frac{1}{s-ia} - \frac{1}{s+ia}\right) = \frac{a}{s^2 + a^2}.$$

2. $\cosh ax$, $\sinh ax$

1. と同様に
$$\mathcal{L}\{\cosh ax\}(s) = \frac{s}{s^2 - a^2} \quad (s > |a|),$$
$$\mathcal{L}\{\sinh ax\}(s) = \frac{a}{s^2 - a^2} \quad (s > |a|)$$
となる．

3. $e^{ax}\cos bx$, $e^{ax}\sin bx$

$\alpha = a + ib$ とおけば，例 15.3 によって
$$\mathcal{L}\{e^{ax}\cos bx\}(s) = \mathcal{L}\left\{\frac{e^{\alpha x} + e^{\overline{\alpha}x}}{2}\right\}(s) = \frac{\mathcal{L}\{e^{\alpha x}\}(s) + \mathcal{L}\{e^{\overline{\alpha}x}\}(s)}{2}$$
$$= \frac{1}{2}\left(\frac{1}{s-\alpha} + \frac{1}{s-\overline{\alpha}}\right) = \frac{s-a}{(s-a)^2 + b^2} \quad (\text{Re } s > a).$$
同様に
$$\mathcal{L}\{e^{ax}\sin bx\}(s) = \frac{b}{(s-a)^2 + b^2} \quad (\text{Re } s > a).$$
また，次の定理も簡単であるが有用なものである．

定理 15.7 $\lambda > 0$ に対して
$$\mathcal{L}\{f(\lambda x)\}(s) = \frac{1}{\lambda}\mathcal{L}\{f(x)\}\left(\frac{s}{\lambda}\right).$$

証明 積分
$$\int_0^\infty f(\lambda x)e^{-sx}dx$$
において変数変換
$$t = \lambda x$$
をすれば直ちに得られる. ∎

定理 15.8 関数 $f(x)$ は $[0, \infty)$ において指数 a 型の連続関数で, $f'(x)$ は区分的に連続で不連続点はたかだか有限個であり, かつ指数位数であるとする. そのとき $\mathrm{Re}\, s > a$ なる s に対して
$$\mathcal{L}\{f'\}(s) = s\mathcal{L}\{f\}(s) - f(0)$$
が成り立つ.

証明 $f'(x)$ の不連続点を x_j, $j = 1, 2, \cdots, n$ $(x_0 = 0 < x_1 < x_2 < \cdots < x_n)$ とする.
$$\mathcal{L}\{f'\}(s) = \int_0^\infty f'(x)e^{-sx}dx$$
$$= \sum_{j=1}^n \int_{x_{j-1}}^{x_j} f'(x)e^{-sx}dx + \int_{x_n}^\infty f'(x)e^{-sx}dx.$$

ここで
$$\int_{x_{j-1}}^{x_j} f'(x)e^{-sx}dx = \lim_{\substack{x' \to x_{j-1}, x' > x_{j-1} \\ x'' \to x_j, x'' < x_j}} \int_{x'}^{x''} f'(x)e^{-sx}dx$$
$$= \lim_{\substack{x' \to x_{j-1}, x' > x_{j-1} \\ x'' \to x_j, x'' < x_j}} \left(\left[f(x)e^{-sx}\right]_{x'}^{x''} + s\int_{x'}^{x''} f(x)e^{-sx}dx \right)$$
$$= \lim_{\substack{x' \to x_{j-1}, x' > x_{j-1} \\ x'' \to x_j, x'' < x_j}} \left(f(x'')e^{-sx''} - f(x')e^{-sx'} + s\int_{x'}^{x''} f(x)e^{-sx}dx \right)$$
$$= f(x_j)e^{-sx_j} - f(x_{j-1})e^{-sx_{j-1}} + s\int_{x_{j-1}}^{x_j} f(x)e^{-sx}dx.$$

また
$$\int_{x_n}^{\infty} f'(x)e^{-sx}dx$$
$$= \lim_{\substack{x' \to x_n, x' > x_n \\ x'' \to \infty}} \int_{x'}^{x''} f'(x)e^{-sx}dx$$
$$= \lim_{\substack{x' \to x_n, x' > x_n \\ x'' \to \infty}} \left(f(x'')e^{-sx''} - f(x')e^{-sx'} + s\int_{x'}^{x''} f(x)e^{-sx}dx \right)$$
$$= -f(x_n)e^{-sx_n} + s\int_{x_n}^{\infty} f(x)e^{-sx}dx.$$

したがって
$$\mathcal{L}\{f'\}(s) = -f(x_0)e^{-sx_0} + s\int_{x_0}^{\infty} f(x)e^{-sx}dx$$
$$= -f(0) + s\mathcal{L}\{f\}(s)$$

となって証明された. ∎

この定理より容易に次の系が導かれる.

系 15.2 $[0, \infty)$ における関数 $f(x)$ に対して $f(x), f'(x), \cdots, f^{(n-1)}(x)$ が定理の $f(x)$ の条件を満たし, $f^{(n)}(x)$ が定理の $f'(x)$ の条件を満たせば,
$$\mathcal{L}\{f^{(n)}\}(s) = s^n \mathcal{L}\{f\}(s) - s^{n-1}f(0) - s^{n-2}f'(0)$$
$$- \cdots - f^{(n-1)}(0) \qquad (\operatorname{Re} s > a)$$
が成り立つ.

次に関数の不定積分のラプラス変換を求めよう.

定理 15.9 関数 $f(x)$ は $[0, \infty)$ において区分的に連続かつ指数位数であるとする. $x_0 \geqq 0$ とすると
$$\mathcal{L}\left\{\int_{x_0}^{x} f(t)dt\right\}(s) = \frac{1}{s}\mathcal{L}\{f\}(s) - \frac{1}{s}\int_{0}^{x_0} f(x)dx$$

が成り立つ．

証明

$$g(x) = \int_{x_0}^{x} f(t)dt$$

とおけば，15.3 で述べたように $g(x)$ は連続で指数位数であり，$g'(x) = f(x)$ である．したがって定理 15.8 によって

$$\mathcal{L}\{f(x)\}(s) = s\mathcal{L}\{g(x)\}(s) - g(0)$$

となって，これより直ちに定理が得られる． ∎

15.5 ラプラス逆変換

$0 < x < \infty$ で与えられた関数 $f(x)$ のラプラス変換は

$$\mathcal{L}\{f\}(s) = \int_0^\infty f(x)e^{-sx}dx$$

である．したがって

$$F(x) = \begin{cases} f(x) & x > 0 \\ 0 & x < 0 \end{cases}$$

とおけば，$s = \sigma + i\tau$ のとき

$$\mathcal{L}\{f\}(s) = \int_{-\infty}^{\infty} F(x)e^{-\sigma x}e^{-i\tau x}dx = \mathcal{F}\{F(x)e^{-\sigma x}\}(\tau)$$

となる．これは $F(x)e^{-\sigma x}$ のフーリエ変換である．したがって $F(x)e^{-\sigma x}$ が絶対積分可能で区分的に滑らかであれば，定理 15.2 によって

$$\frac{e^{-\sigma x}}{2}\{F(x+0) + F(x-0)\} = \frac{1}{2\pi}\int_{-\infty}^{\infty} \mathcal{L}\{f\}(\sigma + i\tau)e^{i\tau x}d\tau$$

となる．両辺に $e^{\sigma x}$ を掛けて，変数を $s = \sigma + i\tau$ に戻せば次の定理が得られる．

定理 15.10 $0 < x < \infty$ で与えられた関数 $f(x)$ が区分的に滑らかで，$f(x)e^{-\sigma_0 x}$ が絶対積分可能であれば，

$$\frac{1}{2}\{f(x+0)+f(x-0)\} = \frac{1}{2\pi i}\int_{\sigma-i\infty}^{\sigma+i\infty} \mathcal{L}\{f\}(s)e^{sx}ds \quad (\sigma > \sigma_0) \tag{15.7}$$

が成り立つ.

(15.7) の積分はラプラス反転積分，またはブロムウィッチ積分とよばれる．

系 15.3 連続関数 $f(x), g(x)$ に対して $\mathcal{L}\{f\} = \mathcal{L}\{g\}$ ならば，$f = g$ である．

15.6 ラプラス変換による微分方程式の解法

例 15.4 線形同次微分方程式の初期値問題
$$f'' + k^2 f = 0, \quad f(0) = a, \quad f'(0) = b$$
をラプラス変換を用いて解こう．

解 $\quad \mathcal{L}\{f\}(s) = F(s)$

とおき，与えられた微分方程式をラプラス変換する．
$$(s^2 F(s) - sf(0) - f'(0)) + k^2 F(s) = 0.$$
これより
$$F(s) = \frac{sf(0) + f'(0)}{s^2 + k^2} = \frac{as + b}{s^2 + k^2}.$$
ゆえに
$$\begin{aligned} f(x) &= \mathcal{L}^{-1}\left\{\frac{as+b}{s^2+k^2}\right\}(x) \\ &= a\mathcal{L}^{-1}\left\{\frac{s}{s^2+k^2}\right\}(x) + b\mathcal{L}^{-1}\left\{\frac{1}{s^2+k^2}\right\}(x) \\ &= a\cos kx + \frac{b}{k}\sin kx. \end{aligned}$$
□

$(0, \infty)$ で定義された二つの関数 $f(x), g(x)$ に対して, 関数を $x \leqq 0$ では値が 0

と拡張した上で,
$$(f * g)(x) = \int_0^\infty f(x-t)g(t)dt$$
として定義される関数 $f * g$ を f と g の**合成積**という. すると合成積のラプラス変換に対して次の性質がある.

定理 15.11
$$\mathcal{L}\{(f * g)(x)\}(s) = \mathcal{L}\{f(x)\}(s)\mathcal{L}\{g(x)\}(s).$$

証明
$$\mathcal{L}\{(f * g)(x)\}(s) = \int_0^\infty \left(\int_0^x f(x-t)g(t)dt\right) e^{-sx} dx$$
において積分の順序交換をしてから $x - t = u$ とおく.
$$\mathcal{L}\{(f * g)(x)\}(s) = \int_0^\infty \left(\int_t^\infty f(x-t)e^{-sx}dx\right) g(t)dt$$
$$= \int_0^\infty \left(\int_0^\infty f(u)e^{-s(t+u)}du\right) g(t)dt$$
$$= \left(\int_0^\infty f(u)e^{-su}du\right) \left(\int_0^\infty g(t)e^{-st}dt\right)$$
$$= \mathcal{L}\{f(x)\}(s)\mathcal{L}\{g(x)\}(s). \blacksquare$$

系 15.4 $\mathcal{L}^{-1}\{F(s)\}(x) = f(x)$, $\mathcal{L}^{-1}\{G(s)\}(x) = g(x)$ ならば
$$\mathcal{L}^{-1}\{F(s)G(s)\}(x) = (f * g)(x).$$

この系を用いれば非同次方程式を解くことができる.

例 15.5 線形非同次微分方程式
$$f'' + 3f' + 2f = r(x), \quad f(0) = f'(0) = 0$$
を解く.

解 ラプラス変換して
$$\mathcal{L}\{f\} = F, \quad \mathcal{L}\{r\} = R$$
とおく．すると，
$$(s^2 F(s) - sf(0) - f'(0)) + 3(sF(s) - f(0)) + 2F(s) = R(s).$$
ゆえに，
$$F(s) = \frac{R(s)}{s^2 + 3s + 2}.$$
ラプラス逆変換して，
$$\begin{aligned} f(x) &= \mathcal{L}^{-1}\left\{\frac{R(s)}{s^2 + 3s + 2}\right\}(x) \\ &= \mathcal{L}^{-1}\left\{R(s)\left(\frac{1}{s+1} - \frac{1}{s+2}\right)\right\}(x) \\ &= r(x) * (e^{-x} - e^{-2x}) = \int_0^x r(x-t)(e^{-t} - e^{-2t})dt. \end{aligned}$$
□

演習問題 15

1. 関数
$$f(x) = \begin{cases} \dfrac{1}{2T} & (|x| \leqq T) \\ 0 & (|x| > T) \end{cases}$$
のフーリエ変換を求めよ．

2. 関数 $f(x) = \dfrac{1}{x^2 + 4}$ のフーリエ変換を留数を計算することによって求めよ．

3. 次の微分方程式をラプラス変換を用いて解け．
  (1) $y'' - 5y' + 6y = 0, \quad y(0) = 1, \quad y'(0) = 0$
  (2) $y' + y = \sin x, \quad y(0) = 2$
  (3) $y'' + 3y' + 2y = e^x, \quad y(0) = 1, \quad y'(0) = 0$
  (4) $y'' - 3y' + 3y = e^{2x}, \quad y(0) = y'(0) = 0$

4. 次の微分方程式をラプラス変換を用いて解け．

(1)　$y'' - 4y' + 3y = e^x \sin x, \quad y(0) = 0, \quad y'(0) = 1$

(2)　$y'' - 4y' + 4y = 6xe^{2x}, \quad y(0) = y'(0) = 0$

演習問題の解答

● 演習問題 1 (p.13)

1. (1) $\sqrt{2}$ が有理数であると仮定して矛盾を導く(背理法)．互いに素な $m, n \in \mathbf{N}$ によって $\sqrt{2} = m/n$ と表されたとすれば，$m^2 = 2n^2$ であるから m は偶数で $m = 2m'\ (m' \in \mathbf{N})$ と表される．すると $n^2 = 2m'^2$ だから n も偶数となり，m, n が共通因子 2 をもち，互いに素であることに反する．

(2) $m, n \in \mathbf{N}$ を互いに素で $\sqrt{3} = m/n$ と表されたと仮定する．$m^2 = 3n^2$ より m^2 は 3 の倍数．$m = 3q + r\ (q \in \mathbf{N}, r = 0, 1, 2)$ としたとき $m^2 = 3q(3q + 2r) + r^2$．ゆえに r^2 が 3 の倍数にならなければならないから $r = 0$．すると $n^2 = 3q^2$．同じ理由により n も 3 の倍数．これは m, n が互いに素であることに反する．

2. (1) $1, 2, 3$．　(2) $1, -1 \pm i$．

3. $\alpha = a + b\sqrt{2}, \beta = c + d\sqrt{2} \in \mathbf{Q}(\sqrt{2})$ とすれば $\alpha \pm \beta = (a \pm c) + (b \pm d)\sqrt{2} \in \mathbf{Q}(\sqrt{2})$，$\alpha\beta = (ac + 2bd) + (ad + bc)\sqrt{2} \in \mathbf{Q}(\sqrt{2})$，$ab \neq 0$ ならば $\alpha^{-1} = (a - b\sqrt{2})/(a^2 - 2b^2) \in \mathbf{Q}(\sqrt{2})$ より $\mathbf{R}$ の部分体になる．

4. K を体，$1, 1'$ を積に関する K の単位元とすれば $1 = 11' = 1'$ (体の公理 (7))．$a \in K\ (a \neq 0)$ とし b, c を a の積に関する逆元とすれば，$b = b1 = b(ac) = (ba)c = 1c = c$ (体の公理 (6), (8))．

5. 0 を和に関する，1 を積に関する単位元とする体になる．普通の数とは $1 + 1 = 0$ が異なるだけであり，$-1 = 1$ が成り立つ．

● 演習問題 2 (p.29)

1. (1) $-11 - 2i$. (2) $-1 + 3i$. (3) $43 - 32i$. (4) $1 + i$.

2. (1) $2\sqrt{3}\left(\cos\dfrac{\pi}{6} + i\sin\dfrac{\pi}{6}\right)$. (2) $\dfrac{1}{\sqrt{2}}\left(\cos\dfrac{7\pi}{4} + i\sin\dfrac{7\pi}{4}\right)$.

(3) $4\left(\cos\dfrac{4\pi}{3} + i\sin\dfrac{4\pi}{3}\right)$. (4) $3\left(\cos\dfrac{3\pi}{2} + i\sin\dfrac{3\pi}{2}\right)$.

3.

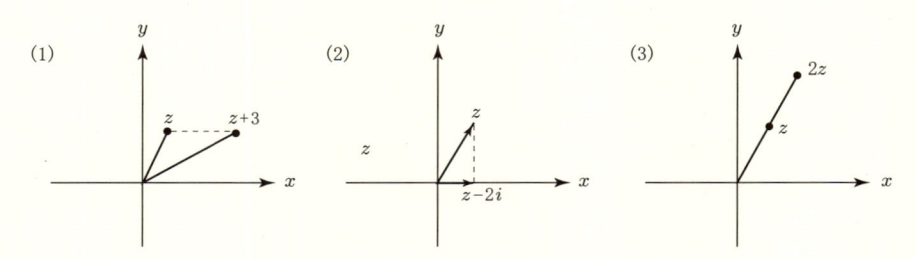

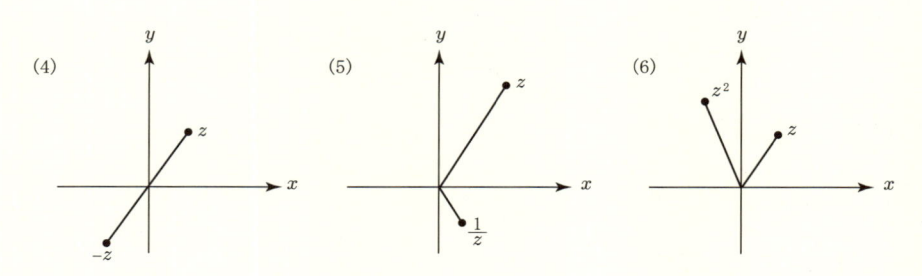

4. $z_j = x_j + iy_j$ $(j = 1, 2)$ とする. $z_1 + z_2 \in \boldsymbol{R}$ より $y_2 = -y_1$. $y_1 = 0$ ならば $z_1, z_2 \in \boldsymbol{R}$. $y_1 \neq 0$ とする. $0 = \operatorname{Im}(z_1 z_2) = x_1 y_2 + x_2 y_1 = y_1(x_2 - x_1)$ より $x_2 = x_1$ となり $z_2 = \overline{z_1}$.

5. $f(x) = a_n x^n + \cdots + a_1 x + a_0$ とおけば, $\overline{a_j} = a_j$ だから $f(\alpha) = 0$ の共役は
$$0 = \overline{0} = \overline{f(\alpha)} = a_n(\overline{\alpha})^n + \cdots + a_1 \overline{\alpha} + a_0 = f(\overline{\alpha})$$
となり, $\overline{\alpha}$ は $f(x) = 0$ の解.

6. $A, B, C \in \mathfrak{P}(X)$ が $A \subset B$, $B \subset C$ とすれば任意の $a \in A$ は $a \in B$ であり, B の任意の元は C に属す. よって $a \in C$ となり $A \subset C$. 次に $A \subset B$ かつ $B \subset A$ とすれば定義より $A = B$. $A \subset A$ は明らか. ゆえに $\mathfrak{P}(X)$ は順序集合.

7. 和に関する単位元 (零元) は零行列 $O = \begin{pmatrix} 0 & 0 \\ 0 & 0 \end{pmatrix}$, 和に関する $f(z)$ の逆元は $-f(z)$ であり, 積に関する単位元は単位行列 $E = \begin{pmatrix} 1 & 0 \\ 0 & 1 \end{pmatrix}$, 積に関する逆元は逆行列. 体の公理は行列の性質より, 全単射は明らか. $f(z_1 + z_2) = f(z_1) + f(z_2)$ は明らか.

$$f(z_1)f(z_2) = \begin{pmatrix} x_1 & y_1 \\ -y_1 & x_1 \end{pmatrix} \begin{pmatrix} x_2 & y_2 \\ -y_2 & x_2 \end{pmatrix} = \begin{pmatrix} x_1x_2 - y_1y_2 & x_1y_2 + y_1x_2 \\ -(x_1y_2 + y_1x_2) & x_1x_2 - y_1y_2 \end{pmatrix}$$
$$= f(z_1z_2).$$

● 演習問題 3 (p.45)

1. 球面 $x_1^2 + x_2^2 + x_3^2 = 1$ と平面 $x_3 = x_1 - 1$ との交わりである円から N を除いた曲線.

2. z, z' に対応する点を $Z = (x_1, x_2, x_3)$, $Z' = (x_1', x_2', x_3') \in \boldsymbol{S}$ とし $\angle ZOZ' = \theta$, $\overline{ZZ'} = d(z, z')$ とすれば余弦定理により $d(z, z')^2 = 1^2 + 1^2 - 2 \cdot 1 \cdot 1 \cdot \cos\theta = 2(1 - \cos\theta)$. これに $\cos\theta = x_1x_1' + x_2x_2' + x_3x_3'$ と (3.1) を代入する.

3. $z = x + iy$ とすれば $(2b + a + c)x^2 + (2b - a - c)y^2 = d$, $(a - c)xy = 0$. ゆえに $a = c$ で,
 (1) $|b| > |a|$ かつ $bd > 0$. (2) $|b| < |a|$.

4. z が描く円を $|z - \alpha| = r$ とする. $\beta = a\alpha + b$, $R = |a|r$ とおけば w は円 $|w - \beta| = R$ を描く.

5. 問題の円は
$$\left| z - \frac{z_1 + z_2}{2} \right| = \frac{|z_2 - z_1|}{2}$$
であることより証明される.

● 演習問題 4 (p.59)

1. $|\overline{f(z)} - \overline{f(z_0)}| = |f(z) - f(z_0)| \to 0 \ (z \to z_0)$, $||f(z)| - |f(z_0)|| \leqq |f(z) - f(z_0)| \to 0 \ (z \to z_0)$ より $\overline{f(z)}$, $|f(z)|$ は z_0 で連続.

2. (1) 0. (2) 存在しない. (3) $\dfrac{3-i}{4}$. (4) 0.

3. (1) 1.　(2) 2.　(3) ∞.　(4) 0.

4. 1 (n が自然数ではないとき), ∞ (n が自然数のとき).

5. 1.

6. (1) $z \in C$ の近傍は C の中で考えるので C に含まれ, z は C の内点となり C は開集合. C の集積点はやはり C の点であるから C は閉集合. よってその補集合である空集合 $\emptyset$ は開集合.

(2) $z \in \bigcup_{\lambda \in \Lambda} O_\lambda$ ならば, ある λ に対して $z \in O_\lambda$. そのとき z の近傍 $V(z)$ で $V(z) \subset O_\lambda$ となるものがある. ゆえに $V(z) \subset \bigcup_{\lambda \in \Lambda} O_\lambda$ となり, $\bigcup_{\lambda \in \Lambda} O_\lambda$ は開集合.

(3) $z \in O_1 \cap \cdots \cap O_n$ ならばすべての $j = 1, \cdots, n$ に対し $z \in O_j$. $\delta_j > 0$ を半径とする δ_j 近傍 $U_{\delta_j}(z)$ が $U_{\delta_j}(z) \subset O_j$. $\delta_1, \cdots, \delta_n$ の最小値を δ とすれば $U_\delta(z) \subset O_1 \cap \cdots \cap O_n$. ゆえに $O_1 \cap \cdots \cap O_n$ は開集合.

● 演習問題 5 (p.71)

1. (1) $(5z^2+1)(z^2+1)$.　(2) $30z(3z^2-1)^4$.　(3) $-\dfrac{z^2+1}{(z^2-1)^2}$.

(4) $-\dfrac{2(z+1)}{(z^2+2z+3)^2}$.

2.　$f(z)$ は $z \neq 0$ において定義され, $f(z) = u+iv$, $u = x - \dfrac{x}{x^2+y^2}$, $v = y + \dfrac{y}{x^2+y^2}$ であり, $u_x = v_y = 1 + \dfrac{x^2-y^2}{(x^2+y^2)^2}$, $u_y = -v_x = \dfrac{2xy}{(x^2+y^2)^2}$. よって $z \neq 0$ で正則.

3. $f(z) = u+iv$, $u = x^2+x-y^2$ とすれば, $v_y = u_x = 2x+1$. ゆえに x の実関数 $\varphi(x)$ によって $v = 2xy+y+\varphi(x)$ となる. $v_x = 2y + \varphi'(x) = -u_y = 2y$. ゆえに $\varphi' = 0$ で $\varphi(x) = c =$ 実定数. ゆえに $f(z) = x^2+x-y^2+i(2xy+y+c) = z^2+z+ci$ ($c \in \boldsymbol{R}$).

4. $f'(0) = \lim_{z \to 0} \dfrac{f(z)-f(0)}{z} = \lim_{z \to 0} \overline{z} = 0$ となり $z = 0$ で微分可能. $z = 0$ で正則とは 0 のある近傍で正則ということであるが, $z \neq 0$ のときコーシー–リーマンの方程式を満たさない.

5. $f(z) = \sum_{n=0}^\infty c_n z^n$ とおけば $nc_n - c_{n-1} = 1$ ($n = 1, 2$), $= 0$ ($n > 2$) より

$f(z) = c_0 + (1+c_0)z + \sum_{n=2}^{\infty} \dfrac{2+c_0}{n!} z^n$. 収束半径は ∞ で $f(z) = (2+c_0)e^z - 2 - z$ (c_0 は任意).

6. $f(z) = \sum_{n=0}^{\infty} c_n z^n$ とおけば $(n+2)(n+1)c_{n+2} + c_n = 0$ より
$$f(z) = c_0 \sum_{m=0}^{\infty} (-1)^m \dfrac{z^{2m}}{(2m)!} + c_1 \sum_{m=0}^{\infty} (-1)^m \dfrac{z^{2m+1}}{(2m+1)!}.$$
収束半径は ∞ で $f(z) = c_0 \cos z + c_1 \sin z$.

● **演習問題 6** (p.82)

1. $\sinh^{-1} z = \log(z \pm \sqrt{z^2+1})$, $\cosh^{-1} z = \log(z \pm \sqrt{z^2-1})$, $\tanh^{-1} z = \dfrac{1}{2} \log \dfrac{1+z}{1-z}$.

2. $1 + 2n\pi i$ ($n \in \mathbb{Z}$).

3. 正則で $f'(z) = \cos x \sinh y - i \sin x \cosh y$.

4. (1)
$$\dfrac{\partial u}{\partial r} = \dfrac{\partial u}{\partial x}\dfrac{\partial x}{\partial r} + \dfrac{\partial u}{\partial y}\dfrac{\partial y}{\partial r} = \dfrac{\partial u}{\partial x} \cos\theta + \dfrac{\partial u}{\partial y} \sin\theta,$$
$$\dfrac{\partial v}{\partial r} = \dfrac{\partial v}{\partial x}\dfrac{\partial x}{\partial r} + \dfrac{\partial v}{\partial y}\dfrac{\partial y}{\partial r} = \dfrac{\partial v}{\partial x} \cos\theta + \dfrac{\partial v}{\partial y} \sin\theta,$$
$$\dfrac{\partial u}{\partial \theta} = \dfrac{\partial u}{\partial x}\dfrac{\partial x}{\partial \theta} + \dfrac{\partial u}{\partial y}\dfrac{\partial y}{\partial \theta} = -\dfrac{\partial u}{\partial x} r\sin\theta + \dfrac{\partial u}{\partial y} r\cos\theta,$$
$$\dfrac{\partial v}{\partial \theta} = \dfrac{\partial v}{\partial x}\dfrac{\partial x}{\partial \theta} + \dfrac{\partial v}{\partial y}\dfrac{\partial y}{\partial \theta} = -\dfrac{\partial v}{\partial x} r\sin\theta + \dfrac{\partial v}{\partial y} r\cos\theta.$$
(6.15) をこの関係式に代入すれば直ちに (6.16) が得られる. 逆に (6.16) があれば
$$\dfrac{\partial u}{\partial x} \cos\theta + \dfrac{\partial u}{\partial y} \sin\theta = -\dfrac{\partial v}{\partial x} \sin\theta + \dfrac{\partial v}{\partial y} \cos\theta,$$
$$\dfrac{\partial u}{\partial x} \sin\theta - \dfrac{\partial u}{\partial y} \cos\theta = \dfrac{\partial v}{\partial x} \cos\theta + \dfrac{\partial v}{\partial y} \sin\theta.$$
この第 1 式に $\cos\theta$, 第 2 式に $\sin\theta$ を掛けて加えれば (6.15) の第 1 式が, 第 1 式に $\sin\theta$ をかけたものから, 第 2 式に $\cos\theta$ を掛けたものを引けば (6.15) の第 2 式が得られる.

(2) $z = re^{i\theta} \neq 0$ の十分小さい近傍 D で主枝 $f(z) = \mathrm{Log}\, z = \log r + i\theta = u + iv$ とする. $u = \log r$, $v = \theta$ より,

$$\frac{\partial u}{\partial r} = \frac{1}{r}, \quad \frac{\partial u}{\partial \theta} = 0, \quad \frac{\partial v}{\partial r} = 0, \quad \frac{\partial v}{\partial \theta} = 1.$$

ゆえに補題 (1) によって z で正則.

5., 6. 略.

● 演習問題 7 (p.94)

1. $w = u + iv$ とする. Re $z = a$ の像は $a = 0$ のとき直線 $u = 0$, $a \neq 0$ のとき円 $u^2 + v^2 - u/a = 0$. Im $z = b$ の像は $b = 0$ のとき直線 $v = 0$, $b \neq 0$ のとき円 $u^2 + v^2 + v/b = 0$.

2. (1) $z = \pm i$. (2) $z = -2i$.

3. $a = 0$ のとき実部 $= 0$ は中点が直線上にあり,虚部 $= 0$ はこの直線が 2 点を通る直線と直交していることを示している.円 $a|z|^2 + \beta z + \overline{\beta z'} + d = 0$ の中心は $-\overline{\beta}/a$,半径の 2 乗が $(|\beta|^2 - ad)/a^2$ であるから (7.14) に代入すれば求める式.

4. $g = \begin{pmatrix} a & b \\ c & d \end{pmatrix}$ $a, b, c, d \in \mathbf{R}$, $ad - bc = 1$, $z \in \mathcal{H}$ として Im$(g(z)) = \dfrac{\text{Im } z}{|cz + d|^2} > 0$ となり $g(z) \in \mathcal{H}$.

5. $g = \begin{pmatrix} \alpha & \beta \\ \overline{\beta} & \overline{\alpha} \end{pmatrix}$ $|\alpha|^2 - |\beta|^2 = 1$, $|z| < 1$ として $1 - |g(z)|^2 = \dfrac{1 - |z|^2}{|\overline{\beta} z + \overline{\alpha}|} > 0$ となり $z \in D$.

● 演習問題 8 (p.107)

1. (1) ～ (3) のいずれも $(1 + 3i)^3/3$.

2. $-\pi$.

3. (1) $-4\pi i$. (2) $-6 + \pi$.

4. C が閉曲線であることより $\displaystyle\int_C x dx = \int_C y dy = 0$. これとグリーンの公式の系より

$$\frac{1}{2i}\int_C \overline{z} dz = \frac{1}{2i}\int_C x dx + y dy + \frac{1}{2}\int_C x dy - y dx = S.$$

5. $z = re^{i\theta} + z_0$ とおけば

演習問題の解答　203

$$\int_0^{2\pi} e^{-i(k-1)\theta} d\theta = \begin{cases} 0 & (k \neq 1) \\ 2\pi & (k = 1) \end{cases}$$

だから

$$\int_C \overline{z}^m dz = ir \int_0^{2\pi} (re^{-i\theta} + \overline{z_0})^m e^{i\theta} d\theta$$
$$= ir \sum_{k=0}^m \binom{m}{k} \overline{z_0}^{m-k} \int_0^{2\pi} r^k e^{-i(k-1)\theta} d\theta = 2\pi r^2 im \overline{z_0}^{m-1}.$$

これを用いて $P(z) = \sum_{m=0}^n c_m z^m$ の複素共役を項別に積分すればよい．

● **演習問題 9** (p.122)

1. (1) 0.　(2) $-\pi$.　(3) $2\pi i \sin 1$.　(4) $\dfrac{\pi i}{2e}$.

2. (1) 0.　(2) $\pi(1+i)$.　(3) $\pi(-1+i)$.

3. (9.3) で $\zeta - z_0 = re^{i\theta}$ とおく．

4. $z = (R^2/r)e^{i\varphi}$ とおけば，$|z| = R^2/r > R$ であるからコーシーの積分定理より

$$\int_0^{2\pi} \frac{f(Re^{i\theta})}{re^{i\theta} - Re^{i\varphi}} e^{i\theta} d\theta = \frac{1}{ir} \int_{|\zeta|=R} \frac{f(\zeta)}{\zeta - z} d\zeta = 0.$$

● **演習問題 10** (p.133)

1. $e^z = \sum_{n=0}^\infty \dfrac{e}{n!}(z-1)^n$.

2. $\sin z = \sum_{m=0}^\infty \dfrac{(-1)^m}{(2m)!} \left(x - \dfrac{\pi}{2}\right)^{2m}$.

3. 最大値の原理より $|e^z|$ は $z = z_0 + Re^{it}$ で最大値をとるが，$|e^z| = |e^{z_0}|e^{R\cos t}$ であるから，$\cos t = 1$ のとき，すなわち $z = z_0 + R$ のとき最大値 $|e^{z_0}|e^R$.

4. $f(z)$ は D で正則で 0 にならないから，$1/f(z)$ は D で正則で定数ではなくその境界 C において最大値をとる．よって $|f(z)|$ は C で最小値をとる．

5. $f(z)$ は問題 **4** の条件を満たすから，$|f(z)|$ は最大値，最小値を $|z| = 1$ 上でとる．$z = \cos t + i \sin t$ とすれば $|f(z)| = \sqrt{5 + 4\cos 2t}$．ゆえに最大値は 3，最

小値は 1.

● **演習問題 11** (p.143)

1. $w = u+iv$ とすれば $u^2 = x^2 - y^2$, $v = 2xy$ より $u^2 + v^2 = (x^2+y^2)^2 = a^4$ となる円.

2.

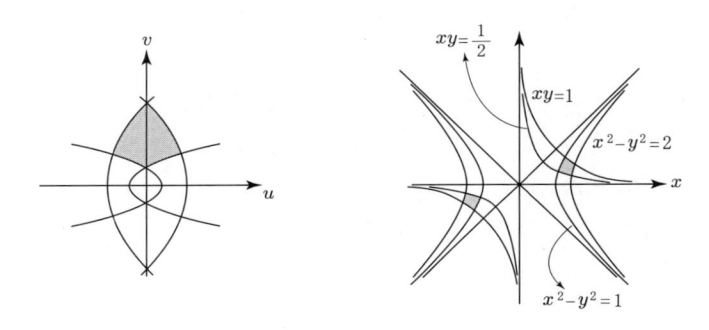

3.

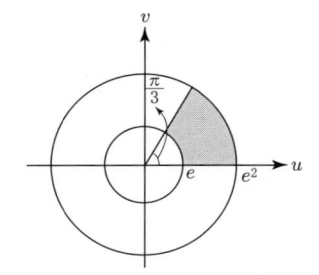

4. $y = b$ の像は楕円 $\left(\dfrac{u}{\cosh b}\right)^2 + \left(\dfrac{v}{\sinh b}\right)^2 = 1$.

$x = a$ の像は双曲線 $-\left(\dfrac{u}{\sin a}\right)^2 + \left(\dfrac{v}{\cos a}\right)^2 = 1$.

分母が 0 になる場合は省略.

5. $y = b$ の像は楕円 $\left(\dfrac{u}{\cosh b}\right)^2 + \left(\dfrac{v}{\sinh b}\right)^2 = 1$.

$x = a$ の像は双曲線 $\left(\dfrac{u}{\cos a}\right)^2 - \left(\dfrac{v}{\sin a}\right)^2 = 1$.

演習問題の解答 205

分母が 0 になる場合は省略.

● **演習問題 12** (p.155)

1.
$$f(z) = \sum_{n=-\infty}^{\infty} c_n(z+1)^n,$$

$$c_n = \begin{cases} 0 & (n > 0), \\ (-1)^m/(2m+1)! & (n = -2m), \\ (-1)^{m+1} \cdot 3/(2m+1)! & (n = -2m-1). \end{cases}$$

2.
$$f(x) = \sum_{n=-2}^{\infty} (-1)^n \frac{n+3}{2^{n+4}} (z-2)^n.$$

3. $f(z) = \sum\limits_{z=-\infty}^{\infty} c_n z^n$ とする.

(1) $c_n = \begin{cases} 0 & (n < 0) \\ 1 - 2^{-(n+1)} & (n \geqq 0) \end{cases}$. (2) $c_n = \begin{cases} -1 & (n < 0) \\ -2^{-(n+1)} & (n \geqq 0) \end{cases}$.

(3) $c_n = \begin{cases} -1 + 2^{-(n+1)} & (n < 0) \\ 0 & (n \geqq 0) \end{cases}$.

4.
$$\frac{1}{z-k} = \sum_{n=0}^{\infty} k^n z^{-(n+1)}$$

に $z = e^{i\theta}$ を代入して実部と虚部をそれぞれ比較すればよい.

5. $f(z)$ は $0 < |z| < \infty$ で正則.
$$c_n = \frac{1}{2\pi i} \int_{|\zeta|=1} \frac{f(\zeta)}{\zeta^{n+1}} d\zeta$$

において $\zeta = e^{i\theta}$ とおく.
$$c_n = \frac{1}{2\pi} \int_0^{2\pi} e^{i(u\sin\theta - n\theta)} d\theta = \frac{1}{2\pi} \int_0^{2\pi} \cos(u\sin\theta - n\theta) d\theta.$$

● 演習問題 13 (p.166)
1. π. 2. $\pi/3$. 3. $\pi/(\sqrt{2}a^3)$. 4. $\pi/2e$. 5. $3\pi/8$. 6. $\pi/3$.
7. $w = -z^{-1}$ と変換する. 2π. 8. $-6\pi^2 i$. 9. 0. 10. $\dfrac{t\sin t}{2}$.

● 演習問題 14 (p.178)
1. $f(x) \sim \dfrac{\pi}{2} - \dfrac{4}{\pi}\left(\cos x + \dfrac{\cos 3x}{3^2} + \dfrac{\cos 5x}{5^2} + \cdots\right)$.
2. $f(x) \sim 2\left(\sin x - \dfrac{\sin 2x}{2} + \dfrac{\sin 3x}{3} - \cdots\right)$.
3. $\cos^3 x = \dfrac{1}{8}(e^{-3ix} + 3e^{-ix} + 3e^{ix} + e^{3ix})$.
4. (1) $f(z) = x^2 - y^2 + 2ixy + ik \ (k \in \boldsymbol{R})$.
(2) $f(z) = x^3 - 3xy^2 + 2x + i(3x^2 y - y^3 + 2y) + ik \ (k \in \boldsymbol{R})$.
5. $f = u + iv$ とすれば $|f|^2 = u^2 + v^2$, $f' = u_x + iv_x$ とコーシー−リーマン方程式, u, v が調和であることを使う.

● 演習問題 15 (p.194)
1. $\widehat{f}(\xi) = \begin{cases} \dfrac{\sin \xi T}{\xi T} & (\xi \neq 0) \\ 1 & (\xi = 0) \end{cases}$.
2. $\xi \geqq 0$ のとき $\dfrac{\pi e^{-2\xi}}{2}$, $\xi < 0$ のとき $\dfrac{\pi e^{2\xi}}{2}$.
3 (1) $y = 3e^{2x} - 2e^{3x}$. (2) $y = (-\cos x + \sin x + 5e^{-x})/2$.
(3) $y = e^x/6 + 3e^{-x}/2 - 2e^{-2x}/3$.
(4) $y = e^{2x} - e^{3x/2}\cos(\sqrt{3}x/2) - (\sqrt{3}/3)e^{3x/2}\sin(\sqrt{3}x/2)$.
4. (1) $y = (2e^x \cos x - e^x \sin x - 5e^x + 3e^{3x})/5$. (2) $y = e^{2x}x^3$.

人名

Abel(アーベル)
　Niels Henrik, 1802–1829, ノルウェーの数学者
Apollonios(アポロニオス)
　262頃–190頃B.C., ギリシャの数学者
Archimedes(アルキメデス)
　287頃–212B.C., ギリシャの数学者, 物理学者, 建築家
Argand(アルガン)
　Jean-Robert, 1768–1822, スイスの数学者
Bessel(ベッセル)
　Friedrich Wilhelm, 1784–1846, ドイツの天文学者, 数学者
Borel(ボレル)
　Felix Edouard Justin Émile, 1871–1956, フランスの数学者
Brahmagupta(ブラフマグプタ)
　598–670頃, インドの数学者, 天文学者
Bromwich(ブロムウイッチ)
　Thomas John l'Anson, 1875–1929, イギリスの数学者
Cardano(カルダーノ)
　Girolamo, 1501–1576, イタリアの数学者, 医者, 哲学者, 占星術師
Cauchy(コーシー)
　Augustin-Louis, 1789–1857, フランスの数学者
d'Alembert(ダランベール)
　Jean Le Rond, 1717–1783, フランスの数学者
de Moivre(ド・モアブル)
　Abraham, 1667–1754, フランス生まれの数学者, イギリスに移住
Dirichlet(ディリクレ)
　Johann Peter Gustav Lejeune, 1805–1859, ドイツの数学者
Euler(オイラー)
　Leonhard, 1707–1783, スイス生まれの数学者, スイス, ドイツ, ロシアで活躍

Fontana(フォンタナ)
　Tartaglia を見よ．
Fourier(フーリエ)
　Jean-Baptiste-Joseph, 1768–1830, フランスの数学者
Fresnel(フレネル)
　Augustin Jean, 1788–1827, フランスの物理学者, 技術者
Galois(ガロア)
　Évariste, 1811–1832, フランスの数学者
Gauss(ガウス)
　Carl Friedrich, 1777–1855, ドイツの数学者, 物理学者, 天文学者
Goursat(グルサ)
　Edouard Jean-Baptiste, 1858–1936, フランスの数学者
Green(グリーン)
　George, 1793–1841, イギリスの数学者, 数理物理学者
Hadamard(アダマール)
　Jacques Salomon, 1865–1963, フランスの数学者
Hamilton(ハミルトン)
　William Rowan, 1805–1865, アイルランドの数学者, 物理学者
Jordan(ジョルダン)
　Marie Ennemond Camille, 1838–1922, フランスの数学者
Laplace(ラプラス)
　Pierre-Simon, 1749–1827, フランスの数学者, 物理学者, 天文学者
Laurent(ローラン)
　Pierre Alphonse, 1813–1854, フランスの数学者
Lebesgue(ルベーグ)
　Henri Léon, 1875–1941, フランスの数学者
Liouville(リウヴィル)
　Joseph, 1809–1882, フランスの数学者
Möbius(メビウス)
　August Ferdinand, 1790–1868, ドイツの数学者
Morera(モレラ)
　Giacinto, 1856–1907, イタリアの数学者, 物理学者

Poincaré(ポアンカレ)
　Jules Henri, 1854–1912, フランスの数学者
Poisson(ポアソン)
　Siméon Denis, 1781–1840, フランスの数学者, 物理学者
Ptolemaios(プトレマイオス)
　Klaudios, 100頃–178頃, ギリシャの天文学者, 数学者, 地理学者
Pythagoras(ピタゴラス)
　572頃–492頃 B.C., ギリシャの数学者, 哲学者
Riemann(リーマン)
　Georg Friedrich Bernhard, 1826–1866, ドイツの数学者
Schwarz(シュヴァルツ)
　Hermann Amandus, 1843–1921, ドイツの数学者
Tartaglia(タルタリア)
　Nicolao Fontana, 1500頃–1557, イタリアの数学者
Taylor(テイラー)
　Brook, 1685–1731, イギリスの数学者
Weierstrass(ワイエルシュトラス)
　Karl Theodor Wilhelm, 1815–1897, ドイツの数学者
Wessel(ヴェッセル)
　Caspar, 1745–1818, ノルウェーの数学者
Zhukovskii(ジューコフスキー)
　Nikolai Egorovich, 1847–1921, ロシアの数学者, 物理学者

参考文献

[1]　アールフォルス, 笠原乾吉訳：複素解析，現代数学社，1982.
[2]　林 一道：初等関数論 (改訂版)，裳華房，1992.
[3]　一松 信：複素数と複素数平面 (新数学入門シリーズ)，森北出版，1993.
[4]　熊原啓作：新訂解析学，放送大学教育振興会，2000.
[5]　熊原啓作：入門微分積分学 15 章，日本評論社，2011.
[6]　熊原啓作：多変数の微分積分学 15 章，日本評論社，2011.
[7]　杉浦光夫：解析入門 II(基礎数学 3)，東京大学出版会，1985.
[8]　高木貞治：定本解析概論，岩波書店，2010.
[9]　高橋礼司：新版複素解析 (基礎数学 8)，東京大学出版会，1990.
[10]　田村二郎：解析関数 (数学選書 3)，裳華房，1983.
[11]　渡部隆一・宮崎 浩・遠藤静男：改訂演習複素関数 (工科の数学 4)，培風館，1980.

索引

アポロニオスの円　38
アルガン–コーシー平面　22
アルキメデスの原理　17

位数　127
1次関数　83
1次分数関数　83
1次分数変換　83
1次分数変換群　85
一様収束　55, 152
一様連続　113
一致の定理　127
因数定理　126

上に有界　17
運動　35

L^1 ノルム　181
円円対応　89

オイラーの公式　73
黄金比　43
同じ曲線　98

開集合　47
解析関数　70
解析接続　70
解析的　70
回転　34
外点　47
回転移動　85
回転数　121
外部 (曲線の)　99
ガウスの超幾何級数　60
ガウス平面　22
下界　17
可換環　11
下極限　57
各点収束　54

下限　17
環　11
関数要素　70
ガンマ関数　133

幾何級数　55
基本列　19
逆三角関数　81
逆向きの曲線　99
境界　47
境界点　47
鏡像の位置　91
鏡像の原理　91
共役調和関数　173
共役複素数　23
極　151
極 (k 位の)　148, 151
極形式　27
極限値　50
曲線　96
曲線のなす角　135
極分解　27
虚軸　22
虚数　5
虚数単位　21
虚部　22
距離　25
近傍　49, 113
近傍 (δ−)　46

区分的に滑らか　96, 169
区分的に連続　169
グリーンの公式　106
群　85

原始関数　102
原始 n 乗根　43

広義一様収束　55, 152

合成積　193
恒等写像　83
合同変換　35
コーシー–アダマールの公式　58
コーシーの収束条件　17, 26
コーシーの収束判定条件　51
コーシーの積分公式　117
コーシーの積分定理　109
コーシーの評価式　119
コーシー–リーマンの関係式　64
コーシー–リーマンの方程式　64
コーシー列　19, 26
弧状連結　49
固定部分群　93
孤立特異点　147
コンパクト　47
コンパクト化　32

最大値の原理　128
作用する　93
三角関数　74
三角不等式　24

四元数　13
指数　121
指数位数　186
指数型　186
指数関数　73
自然数　1
下に有界　17
実軸　22
実数　3
実数体　9
実数の連続性　17
実特殊線形群　95
実部　22
始点　96
射影　79
射影特殊線形変換群　88
シュヴァルツの定理　177
シュヴァルツの不等式　24
シュヴァルツの補題　129
ジューコフスキー変換　140
集積点　47
収束　25, 50, 51
収束円　57
収束座標　186

収束半径　57
終点　96
主枝　77
主値　27, 77, 80
主要部　145, 151
順序　15
順序集合　15
順序体　16
準同型写像　30, 85
上界　17
上極限　57
商空間　93
上限　17
上半平面　95
除去可能な特異点　147, 151
初等関数　72
ジョルダン曲線　97
ジョルダンの曲線定理　99
ジョルダン閉曲線　97
真性特異点　150, 151

推移的　92, 93

整関数　65
整級数　55
整級数展開可能　70
正弦関数　74
正項級数　52
整数環　11
正接関数　75
正則　65
正の向き　99
積分路の変形原理　115
絶対収束　53
絶対収束座標　186
絶対収束領域　186
絶対積分可能　180
絶対値　23
全順序集合　16
線積分　97

双曲線関数　76
相似変換　85

体　9
第1種の不連続点　169
第n次導関数　62
対称移動　86

代数学の基本定理　4, 120, 121
対数関数　76
代数的数　3
代数的閉体　12, 120
縦線集合　105
ダランベールの収束判定法　52
単一曲線　97
単一閉曲線　97
単葉　135
単連結　114

超越数　3
重複度　4, 127
調和関数　172

つないだ曲線　100

定義域　49
テイラー級数展開　126
ディリクレ問題　175

等角　135
等角写像　135
導関数　62
同型　85
同型写像　30, 85
等質空間　93
特異点　147
ド・モアブルの定理　29
トレミーの定理　41

内点　46
内部 (曲線の)　99
滑らか　96

2 項定理　73

ハイネ–ボレルの被覆定理　132
発散　51
反転　86

非調和比　39
微分可能　61
微分係数　61

フーリエ逆変換　180
フーリエ逆変換公式　180
フーリエ級数　168
フーリエ級数展開　170

フーリエ係数　168
フーリエ正弦級数　169
フーリエ変換　180
フーリエ余弦級数　169
複素一般線形群　88
複素関数　49
複素形のフーリエ級数　170
複素数　3, 20
複素数体　9
複素数平面　22
複素特殊線形群　88
複素フーリエ係数　170
不定積分　103
不動点　95
プトレマイオスの定理　41
負の数　2
部分群　85
部分集合　30
フレネル積分　165
ブロムウィッチ積分　192
分枝　77

閉曲線　97
平均値の定理　123
平行移動　34, 85
閉集合　47
閉包　47
閉領域　49
べき級数　55
ベッセル関数　156
偏角　27
偏角の原理　159
変換群　93

ポアソン核　176
ポアソン積分　176
ポアソン変換　177

無限遠点　31
無限遠に発散　27
無限級数　51
無理数　2

メビウス変換　83

モレラの定理　119

有界　17, 27

優級数　55
有理型　151
有理数　2
有理数体　9

余弦関数　74

ラプラス逆変換　191
ラプラス作用素　172
ラプラスの微分方程式　172
ラプラス反転積分　192
ラプラス変換　183

リーマン球面　32
リーマンの写像定理　137
リーマンの定理 (除去可能な特異点に関する)　148
リーマン面　78
リーマン面 (指数関数の)　79
リーマン面 (べき根関数の)　80
リウヴィルの定理　120
立体射影　32

留数　157
留数定理　158
領域　49
臨界点　135

累乗関数　79

零　1
零点　127
零点 (k 位の)　127
連続　51

ローラン級数　145
ローラン展開　145
ローラン展開 (∞ のまわりの)　151

和　51
ワイエルシュトラスの定理 (真性特異点に関する)　150
ワイエルシュトラスの定理 (有界数列に関する)　18
ワイエルシュトラスの優級数定理　55

JCOPY ＜(社)出版者著作権管理機構 委託出版物＞

本書の無断複写は著作権法上での例外を除き禁じられています．
複写される場合は，そのつど事前に，
　(社) 出版者著作権管理機構
　TEL：03-3513-6969，FAX：03-3513-6979，E-mail：info@jcopy.or.jp
の許諾を得てください．
また，本書を代行業者等の第三者に依頼してスキャニング等の行為によりデジタル化することは，個人の家庭内の利用であっても，一切認められておりません．

●著者紹介

熊原啓作（くまはら・けいさく）
　　1942 年　兵庫県に生まれる．
　　1965 年　岡山大学理学部数学科を卒業．
　　1967 年　岡山大学大学院理学研究科修士課程を修了．
　　　　　　大阪大学大学院理学研究科博士課程を中退．
　　　　　　その後，大阪大学，鳥取大学を経て，
　　現　在　放送大学教授．鳥取大学名誉教授．
　　　　　　専攻は等質空間上の調和解析学．理学博士．

主な著書・訳書
『行列・群・等質空間』(日本評論社)
『入門微分積分学 15 章』(日本評論社)
『多変数の微分積分学 15 章』(日本評論社)
『解析入門』(共著；放送大学教育振興会)
『身近な統計』(共著；放送大学教育振興会)
『微分方程式への誘い』(共著；放送大学教育振興会)
『基礎微分積分学』(共著；学術図書出版社)
『微分積分』基礎演習シリーズ(共著；裳華房)
R.J. ウィルソン『数学の切手コレクション』(シュプリンガー・ジャパン)
ほか多数．

にゅうもんふくそかいせき　しょう
入門複素解析15章

2012 年 2 月 10 日　第 1 版第 1 刷発行

著　者 ················ 熊原啓作 ⓒ
発行者 ················ 黒田敏正
発行所 ················ 株式会社 日本評論社
　　　　　　〒170-8474 東京都豊島区南大塚 3-12-4
　　　　　　TEL：03-3987-8621［販売部］　http://www.nippyo.co.jp
企画・制作 ············ 亀書房 ［代表：亀井哲治郎］
　　　　　　〒264-0032 千葉市若葉区みつわ台 5-3-13-2
　　　　　　TEL & FAX：043-255-5676　http://homepage2.nifty.com/kame-shobo/
印刷所 ················ 三美印刷株式会社
製本所 ················ 株式会社難波製本
装　訂 ················ 駒井佑二
ISBN 978-4-535-78571-7　　Printed in Japan

入門微分積分学 15章

熊原啓作／著

1変数の微分積分学について、その基本をわかりやすく解説した教科書・独習書。15章で構成されており、大学半期の授業にも最適。

ISBN978-4-535-78567-0　A5判　定価 2,625円

多変数の微分積分学15章

熊原啓作／著

多変数の微分積分について、その基本をわかりやすく解説した教科書・独習書。15章で構成されており、大学半期の授業にも最適。

ISBN978-4-535-78568-7　A5判　定価 2,520円

はじめて学ぶ イプシロン・デルタ
数学の論理と日本語

細井　勉／著

きちんと数学を学ぶのに必須の基本技法《イプシロン・デルタ》と、数学のための論理と日本語について、徹底的に解説する快入門書。多数の問題、くわしい解答付き。

ISBN978-4-535-78551-9　A5変形判　定価 2,520円

日本評論社
http://www.nippyo.co.jp/

※定価は税込